UTB 3424

W0172476

Eine Arbeitsgemeinschaft der Verlage

Böhlau Verlag · Köln · Weimar · Wien
Verlag Barbara Budrich · Opladen · Farmington Hills
facultas.wuv · Wien
Wilhelm Fink · München
A. Francke Verlag · Tübingen und Basel
Haupt Verlag · Bern · Stuttgart · Wien
Julius Klinkhardt Verlagsbuchhandlung · Bad Heilbrunn
Lucius & Lucius Verlagsgesellschaft · Stuttgart
Mohr Siebeck · Tübingen
Orell Füssli Verlag · Zürich
Ernst Reinhardt Verlag · München · Basel
Ferdinand Schöningh · Paderborn · München · Wien · Zürich
Eugen Ulmer Verlag · Stuttgart
UVK Verlagsgesellschaft · Konstanz
Vandenhoeck & Ruprecht · Göttingen
vdf Hochschulverlag AG an der ETH Zürich

UTB Profile

Jürgen Schultz

Ökozonen

Verlag Eugen Ulmer, Stuttgart

Univ.-Prof. Dr. Jürgen Schultz gehört dem Lehrkörper der RWTH Aachen (Geographisches Institut) an. Sein Forschungsschwerpunkt ist die Geoökologie. Zahlreiche Reisen und Forschungsaufenthalte führten ihn in alle Erdteile und Ökozonen.

Bibliografische Information der Deutschen Nationalbibliothek.

Die Deutsche Nationalbibliothek verzeichnet diese Publikation in der Deutschen Nationalbibliografie; detailliertere bibliografische Daten sind im Internet über http://dnb.d-nb.de abrufbar.

ISBN 978-3-8252-3424-9 (UTB)
ISBN 978-3-8001-2944-7 (Ulmer)

© 2010 Eugen Ulmer KG
Wollgrasweg 41, 70599 Stuttgart (Hohenheim)
E-Mail: info@ulmer.de
Internet: www.ulmer.de
Lektorat: Alessandra Kreibaum
Herstellung: Jürgen Sprenzel
Satz: Arnold & Domnick, Leipzig
Druck und Bindung: Graph. Großbetrieb Friedr. Pustet, Regensburg
Printed in Germany

UTB-Bestellnummer: ISBN 3-8252-3424-9

Inhalt

1

Einführung: Was sind globale Ökozonen?

Die ökozonale Gliederung der Erde beruht vorrangig auf natur-räumlichen Kriterien. Kulturräumliche Aspekte sind nur insoweit bedeutsam, als Bezüge zur natürlichen Ausstattung bestehen. Solche Bezüge sind beispielsweise bei der Landnutzung durchweg vorhanden, sonst aber eher die Ausnahme oder von minderer Bedeutung. Danach lassen sich Ökozonen wie folgt definieren:

Definition

Ökozonen sind Großräume der Erde, die sich jeweils durch eigenständige Klimagenese, Morphodynamik, Bodenbildungsprozesse, Lebensweisen von Pflanzen und Tieren sowie Ertragsleistungen in der Agrar- und Forstwirtschaft auszeichnen. Entsprechend unterscheiden sie sich in auffälliger Weise nach dem jährlichen und täglichen Klimagang, den exogenen Landformen, den Bodentypen, den Pflanzenformationen und Biomen sowie den agraren und forstlichen Nutzungssystemen. Ihre Verbreitung auf der Erde ist breitenabhängig und gewöhnlich disjunkt (fragmentiert) auf die Kontinente verteilt.

Im (hierarchischen) System der *landschaftsökologischen Raumeinheiten*, dessen Grundeinheit der **Ökotop** ist (= kleinste ökologische Raumeinheit), bezeichnet der Terminus *Ökozone* die oberste Ordnungsstufe, also die *erste* Unterteilung der **Ökosphäre** (= Gesamtheit von Biosphäre und der über Wechselwirkungen mit ihr verbundenen Teilbereiche von Litho-, Pedo-, Hydro- und Atmosphäre). Zwischen Ökotopen und Ökozonen lassen sich bei Bedarf weitere Unterteilungsstufen einfügen, die beispielsweise als **Ökoregionen**, **Ökoprovinzen** und **Ökodistrikte** bezeichnet werden können.

In diesem Buch wird der **Festlandsbereich in neun Ökozonen untergliedert**. Vertretbar erscheint auch eine größere Zahl von Zonen. Beispielsweise könnten Unterteilungen, die für einige Ökozonen vorgenommen wurden (Anhang A), in den Rang von Ökozonen angehoben werden.

Die Abgrenzung dieser Ökozonen erfolgt nach ähnlichen Kriterien wie die von (durch jeweils eigene Ökosysteme repräsentierten) Ökotopen, nämlich durch Erfassung von charakteristischen Merkmalskombinationen (-strukturen), die sich als Ergebnis von charakteristischen funktionalen Gefügen herausgebildet haben. Das heißt, Ökozonen lassen sich als **geozonale Ökosysteme** erfassen und erklären. Natürlich mit der Einschränkung, dass deren innere Einheitlichkeit entsprechend der weit größeren räumlichen Ausdehnung erheblich geringer ist. Sie reicht aber immer noch aus, eine Art globales Orientierungsmuster (-wissen) herzustellen, das

- für jeden beliebigen Ort der Erde erlaubt, sofort eine Reihe wesentlicher Merkmale zu nennen (und damit auch die naturgegebenen Potentiale für die Landnutzung abzuschätzen),
- als Einstieg für Detailuntersuchungen geeignet ist (ausgehend von der Frage: Worin unterscheidet sich ein Standort von den allgemeinen Merkmalen der Ökozone, in der er liegt?).

Das neue Konzept der ökozonalen Gliederung hat sich seit seiner Einführung durch den Verf. vor gut 20 Jahren (Schultz 1988) allgemein durchgesetzt:

- An den meisten deutschsprachigen Universitäten gibt es inzwischen Vorlesungen und / oder Seminare mit dem Thema *Ökozonen der Erde* oder zumindest zu eng verwandten Themen. In der Regel gehören sie zum Studienfach Geographie. Aber auch in manchen Studiengängen der Ökologie, Hydrographie, Agrar- und Forstwissenschaften sowie Bodenkunde sind sie enthalten.
- In mehreren MA- und BA-Prüfungsordnungen für das Geographiestudium werden explizit Kenntnisse von Ökozonen verlangt.

Die hier vorgelegte Kurzversion ist als Einführung in das Thema „Ökozonen" konzipiert, sozusagen als Schnupperkurs. Sollte dabei Appetit auf mehr entstehen, so sei auf die detaillierten Fassungen „Die Ökozonen der Erde" und – für noch Wissbegierigere – das „Handbuch der Ökozonen" verwiesen, die ebenfalls beide bei UTB im Verlag Eugen Ulmer Stuttgart erschienen sind (zuletzt 2008 bzw. 2000). Für den internationalen Gebrauch steht eine englischsprachige Übersetzung der „Ökozonen der Erde" zur Verfügung (Springer Verlag Berlin 2005, 2. Aufl.). Eine chinesische befindet sich derzeit in Vorbereitung (Higher Education Press, Beijing voraussichtlich Herbst 2010).

Detaillierte Quellenangaben und ausführlichere Literaturhinweise, auf die in diesem Profile-Band aus Platzgründen weitestgehend verzichtet werden musste, kann der Leser in jenen Publikationen finden.

Jede der neun (terrestrischen) Ökozonen wird in einem eigenen Kapitel (Kap. 3 bis 11) beschrieben. Die **Reihenfolge** entspricht in etwa ihrer räumlichen Abfolge auf der Erde von den Polen bis zum Äquator. Sie hat aber nicht nur räumlichen Ordnungscharakter. Vielmehr spiegelt sie auch die unterschiedlichen Verwandtschaftsgrade zwischen den einzelnen Ökozonen wider: Unmittelbar benachbart abgehandelte Ökozonen weisen mehr (und bedeutsamere) zonenübergreifende, also gemeinsame Struktur- und Prozessmerkmale auf, als im Text weiter auseinander stehende (vgl. Abb. 1).

Literatur

Archibold, O. W.: Ecology of world vegetation. Chapman and Hall, London 1995

Richter, M.: Vegetationszonen der Erde. Klett-Perthes, Gotha 2001

Schultz, J.: Handbuch der Ökozonen. Ulmer, Stuttgart 2000

Schultz, J.: Die Ökozonen der Erde. Ulmer, Stuttgart 2008

Walter, H. und **Breckle, S.-W.:** Vegetation und Klimazonen. Grundriss der globalen Ökologie. Ulmer, Stuttgart 1999

Merkmal[1)] / Ökozone	Polare/subpolare Zone: Eiswüsten	Polare/subpolare Zone: Tundren und Frostschuttgebiete	Boreale Zone	Feuchte Mittelbreiten	Trockene Mittelbreiten: Grassteppen	Trockene Mittelbreiten: Wüsten und Halbwüsten	Winterfeuchte Subtropen	Immerfeuchte Subtropen	Tropisch/subtrop. Trockengebiete: Dornsavannen und Dornsteppen	Tropisch/subtrop. Trockengebiete: Wüsten und Halbwüsten	Sommerfeuchte Tropen	Immerfeuchte Tropen
Jahresniederschläge (P)	○		◔	◑	◔	○	◑	◕	◔	○	◕	●
Jahrestemperatur	○		◔	◑	◑		◕	◕	◕		●	●
Potentielle jährliche Evapotranspiration	○		◔	◑	◕		◕	◑	●		◕	◕
Abfluss -höhe (R)	◔		◑	◑	○		◔	◕	○		◑	●
Abfluss -verhältnis (R/P)	●		◕	◑	○		◔	◕	○		◔	●
Jährliche Globalstrahlung	○		◔	◑	◕		◕	◕	●		●	◕
Länge der Vegetationsperiode	○	◔	◑	◕	◔	○	◕	●	◔	○	◕	●
Globalstrahlung während der Vegetationsperiode		○	◔	◑	◔		◔	●	◔		◕	●
Temperatur während der Vegetationsperiode		○	◔	◔	◑		◔	◕	◕ [2)]		●	●
Phytomasse gesamt		◔	◑	◕	◔	○	◔	●	◔	○	◑	●
Phytomasse Wurzel/Spross-verhältnis		◕	◔	◔	◕	●	◑	○	◑	●	◑	○
Blattflächenindex		◔	◕	◑	◑	○	◔	◕	◔	○	◑	●
Nettoprimärproduktion		○	◔	◑	◑	○	◔	◕	◔	○	◕	●
Streuvorrat		◕	●	◑	◔	○	◑	◑	◔	○	◔	◔
Tote organ. Bodensubstanz		●	◔	◕	●	○	◑	◑	○		◔	◔
Zersetzungsdauer von Bestandsabfällen		●	◕	◑	◔		◕	◔	◔		◔	○

[1)] ● = sehr hoher Wert ◑ = mittlerer Wert ○ = sehr kleiner Wert oder Null
◕ = hoher Wert ◔ = kleiner Wert Ohne Signatur = Angabe entfällt
[2)] nur für Dornsavannen

Abb. 1. Vergleich der Ökozonen nach ausgewählten quantifizierbaren Merkmalen.

Übersicht ausgewählter Merkmale im ökozonalen Vergleich

Das Eigentümliche der einzelnen Ökozonen, das auch und gerade im Anderssein gegenüber den übrigen Räumen liegt, wird insbesondere über den Vergleich deutlich. Diesem Aspekt unterwirft sich die inhaltliche Gliederung in diesem Buch: Alle regionalen Darstellungen der Ökozonen folgen einer vorgegebenen Merkmalsauswahl, die in ähnlicher Reihenfolge abgehandelt wird. Auf der obersten Stufe sind dies die fünf Merkmalskategorien Klima, Relief und Gewässer, Böden, Vegetation und ihre Umsätze sowie Landnutzung. Sie werden jeweils in eigenen Unterkapiteln abgehandelt. Auf der nächstfolgenden Stufe werden dann jeweils einzelne Merkmale in ebenfalls ähnlicher Auswahl genauer beschrieben. Bei den Klimakapiteln sind dies beispielsweise Temperaturgang, Niederschlagsmengen und -verteilung, Länge der Vegetationsperiode und Sonneneinstrahlung u. a. Der Leser kann so leicht herausfinden, worin sich die einzelnen Ökozonen unterscheiden. Das vorliegende Kapitel zeigt vorab auf, welche Merkmale erfasst wurden und bringt für einige von ihnen vergleichende Übersichten.

Klima

Das Klima setzt großräumig die Rahmenbedingungen für die exogenen geomorphologischen Prozesse, Bodengenese, Vegetationsentfaltung und Landnutzungspotentiale. In den ökozonalen Ursachen-Wirkungs-Gefügen rangiert es dementsprechend an vorderster Stelle. Zur ersten Orientierung sollen die Klimadiagramme dienen, die allen Kapiteln zu den einzelnen Ökozonen vorangestellt sind. Sie folgen ausnahmslos dem in Abb. 2 dargestellten Schema.

Von besonderer Bedeutung sind die Sonneneinstrahlung als Energiequelle für die Photosynthese sowie Güte und Dauer der hygrisch und / oder thermisch bestimmten Vegetationsperiode.

> **Definition**
>
> Die im vorliegenden Buch genannten Werte zur Sonneneinstrahlung beziehen sich ausschließlich auf denjenigen Strahlungsanteil, der nach Durchgang durch die Atmosphäre als direkte Einstrahlung oder als diffuse Himmelsstrahlung auf die Erdoberfläche trifft, also die gesamte auf die Erdoberfläche auftreffende kurzwellige (etwa 290 – 3000 nm) Strahlung, d.i. die Globalstrahlung. Der davon für die Photosynthese der Pflanzen nutzbare Spektralbereich (PHAR oder PAR, von engl. photosynthetic active radiation) liegt etwa zwischen 400 und 700 nm, stimmt also weitgehend mit dem sichtbaren Licht überein. Knapp die Hälfte (45 – 50 %) der über die Globalstrahlung zugeführten Energie gehört zu diesem Spektrum.

In allen Ökozonen liegt die monatliche Sonneneinstrahlung in der Spitze ähnlich hoch. Die Differenzen der jährlichen und der vegetationszeitlichen Summen beruhen auf der ungleichen Dauer hoher Sonneneinstrahlung und auf der unterschiedlich langen Zeitspanne, während der die Pflanzen aufgrund der hygrothermischen Gegebenheiten Nutzen aus der jeweils zugeführten Strahlungsenergie ziehen können (s. u.).

> **Definition**
>
> Die Vegetationsperiode ist hier als die Summe derjenigen Monate innerhalb eines Jahres definiert, deren Mitteltemperaturen $t_{mon} \geq$ 5 °C betragen und deren Niederschläge p (in Millimeter) numerisch den doppelten Temperaturwert t_{mon} (in Grad Celsius) übersteigen (also alle ausreichend warmen Monate mit p [mm] $> 2\, t_{mon}$ [°C]) (s. a. Abb. 2).

In den Ökozonen der mittleren und hohen Breiten sinken die winterlichen Lufttemperaturen so weit ab (wenigstens ein Monat mit t_{mon} <5 °C), dass es hierdurch zu einer Unterbrechung des Pflanzenwachstums kommt. Es herrschen **thermische Jahreszeitenklimate**. In den tropisch / subtropischen Ökozonen kann eine Unterbrechung durch Trockenheit (also durch hygrische Veränderlichkeit) vorliegen (Tab. 1). Die jahreszeitlichen Temperaturamplituden sind kleiner als die tageszeitlichen. Hier bestehen daher **thermische Tageszeitenklimate**.

Für die pflanzliche Produktion ist nicht nur die Länge der Vegetationsperiode von Belang, bedeutsam sind auch die dann verfügbaren Strahlungsenergien und die jeweils erreichten Lufttemperaturen oder Wärmesummen. In den Tropen liegen alle Monatsmittel über +18 °C,

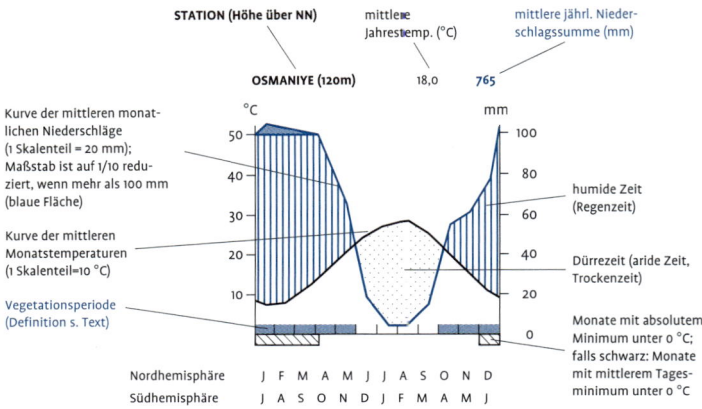

Abb. 2. Erläuterung des Klimadiagrammschemas von Walter u. Lieth (1960–67), dem alle Klimadiagramme in den einzelnen Ökozonen-Kapiteln folgen. Das Besondere liegt darin, dass die Kurven der mittleren Monatsniederschläge (mm) und der mittleren Monatstemperaturen (°C) im Verhältnis der Zahlenwerte von 1:2 aufgetragen werden; 20 °C haben also die gleiche Ordinatenlänge wie 40 mm Niederschlag. Bei diesem Verhältnis gelten Zeiten, in denen sich die Niederschlagskurve über der Temperaturkurve hält, als humid, die übrigen als arid. Das Beispiel zeigt eine Station aus den Winterfeuchten Subtropen (Türkei). Die Angaben zur Vegetationsperiode wurden v. Verf. hinzugefügt.

in den Subtropen noch mindestens vier; an der Polargrenze der Borealen Zone werden in einem Monat gerade noch +10 °C erreicht (Tab. 1).

Literatur

Bendix, J. und **Lauer, W.**: Klimatologie. Westermann, Braunschweig 2006

Kuttler, W.: Klimatologie. Schöningh, Stuttgart 2008

Schönwiese, C. D.: Klimatologie. Ulmer, Stuttgart 2008

Weischet, W. und **Endlicher, W.**: Einführung in die Allgemeine Klimatologie. Borntraeger, Stuttgart 2008

Morphodynamik

Die meisten Ökozonen unterscheiden sich auffällig nach der Art und Intensität der

- **Verwitterung**, die beispielsweise durch Frostsprengung, Temperatursprengung, Salzsprengung, Hydra(ta)tion, Lösung, Oxidation oder Hydrolyse dominiert sein kann, sowie der

Tab. 1. Hygrothermische Wachstumsbedingungen in den einzelnen Ökozonen (t_{mon} = Monatsmitteltemperatur, p = mittlerer Monatsniederschlag).

Ökozone	Veg.-periode [Monate mit p[mm] > $2t_{mon}$ [°C] und $t_{mon} \geq$ 5 °C][a]	Monate mit		Jahresnieder-schläge [mm]
		$t_{mon} \geq$ 10 °C	$t_{mon} \geq$ 18 °C	
Polare/subpolare Zone	0–3 (4)	0 (1)	-	<250
Boreale Zone	4–5 (3–6)	2–3 (1–4)	0 (1)	250–500
Feuchte Mittelbreiten	6–12 (5)	5–7 (4)	1–3 (0–5)	500–1000
Trockene Mittelbreiten	0–4 (5)	5–7	≤ 4 (5)	<400 sommerlich: <200 (250)
Winterfeuchte Subtropen	6–9 (5–10)	8–12	4–6	500–1000
Immerfeuchte Subtropen	12	8–12	4–7 (bis 12)	1000–1500
Tropisch/ subtropische Trockengebiete	0–4 (5)	12 (9–11)	5-12	polwärts: <300 äquatorwärts: <500
Sommerfeuchte Tropen	6–9 (5)	-	12	500–1500
Immerfeuchte Tropen	12	-	12	1500–3000

[a] Zahlenwerte in Klammern stehen für regionale Sonderfälle, die sich zumeist aus kontinentalen oder maritimen Einflüssen oder unterschiedlichen Breitenlagen (Nord-Süd-Differenzierungen) herleiten. Extreme Ausnahmen bleiben unberücksichtigt.

- **Abtragung und Ablagerung**, bei denen beispielsweise so verschiedene Faktoren wie Wasser, Eis, Wind oder auch allein Schwerkraft (also fluviale Erosion, marine Abrasion, Glazialerosion, Deflation, Denudation etc.) vorherrschen können.

Welche dieser **exogenen Prozesse / Kräfte** jeweils besonders zum Zuge kommen, welche Verwitterungsprodukte, Abtragungs- und Ablagerungs-

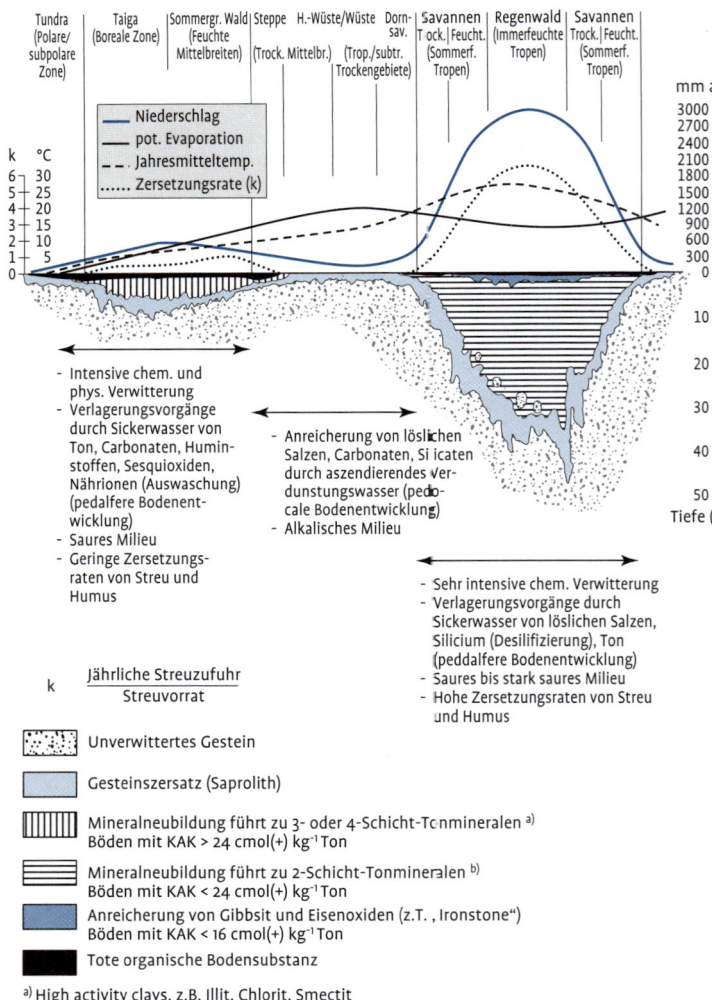

Abb. 3. Klimazonale Differenzierung des Verwitterungsmantels (Regolith und Saprolith) von der Polaren / subpolaren Zone bis zu den Immerfeuchten Tropen

formen also jeweils entstehen, hängt letzten Endes vom Niederschlagsregime, Temperaturregime und Windregime ab, ist also klimaabhängig. Das erklärt, dass eine Gliederung der Erde in Regionen gleichartiger Morphodynamik in großen Zügen der globalen (planetarischen) Klimagliederung folgt und sich daher auch in eine ökozonale Gliederung einfügen lässt. Abb. 3 zeigt (in stark generalisierter Weise) anhand eines Profils vom Pol zum Äquator, wie sich z.B. der Verwitterungsmantel mit dem Wechsel der Ökozone nach Tiefe, Struktur und chemischen Merkmalen ändert.

Von allen geomorphologischen Prozessen (z.B. glazialen, periglazialen, fluvialen, äolischen) sind die an fließendes Wasser geknüpften Prozesse, also Flussarbeit und Spüldenudation (Hangabtragung), am wirksamsten. Dies gilt für alle Ökozonen von den hohen Breiten bis zum Äquator, also auch für Permafrostbereiche und Trockenräume. Die einzigen Ausnahmen sind Sandwüsten und Inlandeisgebiete.

Literatur

Ahnert, F.: Einführung in die Geomorphologie. Ulmer, Stuttgart 2009
Zepp, H.: Geomorphologie. Schöningh, Stuttgart 2008

Gewässer und Wasserbilanz

Ausgangsgröße für den **Abfluss** ist das über Regen- oder Schneefälle zugeführte Wasser. Der Anteil, welcher davon den Flüssen zufließt, lässt sich aus der Differenz von Niederschlägen und Verdunstung ermitteln (soweit nicht anhaltend in größerer Tiefe gespeichert wird). Für kürzere Zeiträume müssen Vorratsänderungen an Boden-, Grund- und Oberflächenwasser berücksichtigt werden.

Die Tab. 2 nennt Richtwerte für die mittleren Abflusshöhen in den einzelnen Ökozonen und zeigt mit den *Abflussverhältnissen* zugleich, aus welchen (prozentualen) Niederschlagsanteilen sie herrühren. Angaben zu ökozonen-typischen Niederschlagsmengen sind aus Tab. 1 zu entnehmen.

Die **geomorphologische Arbeitsleistung** des fließenden Wassers hängt nur bedingt von dessen mittlerer Menge und Fließgeschwindigkeit ab. Wichtiger sind einzelne Abflussereignisse überdurchschnittlichen Ausmaßes.

Tab. 2. Mittlere jährliche Abflusshöhen und Abflussverhältnisse in den Ökozonen (zahlreiche Quellen).

Ökozonen / Pflanzenformationen		Jahres-abfluss (mm) [a]	Abfluss-verhält-nis [b]
Polare/subpolare Zone:	Tundra	120	0,55
Boreale Zone:	Taiga	200	0,50
Feuchte Mittelbreiten:	Sommergrüner Laubwald	350	0,47
Trockene Mittelbreiten:	Feuchtsteppe	200	0,40
	Trockensteppe	60	0,12
	Wüste/Halbwüste	< 10	< 0,03
Winterfeuchte Subtropen:	Hartlaubvegetation	300	0,50
Immerfeuchte Subtropen:	Regenwald	650	0,43
Trop./subtrop. Trockengebiete:	Dornsavanne	50	0,08
	Wüste/Halbwüste	< 5	< 0,03
Sommerfeuchte Tropen:	Trockensavanne	250	0,33
	Feuchtsavanne	450	0,45
Immerfeuchte Tropen:	Regenwald	1200	0,52
Weltmittel		**310**	**0,41**

[a] Abflussmenge in Millimeter entsprechend zur Darstellung der Niederschlagshöhe.

[b] Jahresabfluss (mm)/Jahresniederschlag (mm) x 100 = % des Jahresniederschlages, der in den Jahresabfluss geht)

Bodenfruchtbarkeit

Der Begriff **Bodenfruchtbarkeit** bezieht sich vornehmlich auf den *Versorgungszustand des Bodens mit Nährelementen* und nicht auf die in stärkerem Maße klimaabhängigen Wärme-, Luft- und Wasserhaushalte des Bodens. Deren Einflüsse können auf die *Ertragsfähigkeit* des Bodens sowohl für den natürlichen Pflanzenwuchs als auch die agrar- oder forstwirtschaftliche Nutzung ebenso bedeutsam sein, weithin sind sie sogar dominierend.

Die Verfügbarkeit an Nährelementen ergibt sich aus der Gründigkeit (Durchwurzelbarkeit) des Bodens sowie aus der Menge und der Art von Nährionen, die in austauschbarer Form an Bodenteilchen adsorbiert sind. Letzteres hängt sowohl mit der **Austauschkapazität** (AK) des Bodens als auch mit der **Bilanz aus Nährstoffeinträgen und -abgaben** zusammen. Die Nährstoffbilanz wird durch Mineralstoffzufuhr aus Zersetzungsvorgängen organischer Abfälle und Entzug durch Einbindung in Biomasse im Zuge des Pflanzenwachstums bestimmt. Außerdem können diverse externe Importe und Exporte hinzukommen. Mittel- bis langfristig mag auch die Freisetzung von Nährelementen aus den primären Silikaten (also des Muttergesteins) Einfluss nehmen (nachschaffende Kraft des Bodens).

Die Austauschkapazität ist an die **Quantität und Qualität von Humus und mineralischen Tonmineralen** gekoppelt. Ihre höchsten Werte erreicht sie bei der Humusform Mull und den silikatischen Tonmineralen Smectit und Illit. Niedrig ist sie hingegen bei Rohhumus und dem Tonmineral Kaolinit; und noch niedriger bei den unter der Bezeichnung Sesquioxide zusammengefassten Oxiden und Hydroxiden von Eisen und Aluminium (z. B. Goethit, Hämatit, Gibbsit). Gewöhnlich wird zwischen *Kationen- und Anionenaustauschkapazität* (KAK bzw. AAK) unterschieden. Davon adsorbiert die erstere die mit Abstand wichtigsten mineralischen Nährstoff-Ionen Calcium (Ca^{++}), Kalium (K^+) und (Mg^{++}), die letztere z. B. die Nährstoff-Ionen NO_3^-, SO_4^{--} und PO_4^{---}.

Im Hinblick auf die Bodenfruchtbarkeit ist es am vorteilhaftesten, wenn

- ein hoher Anteil der KAK von Nährstoff-Ionen abgedeckt ist und nicht von Wasserstoff- (H^+) und Aluminium-Ionen (Al^{+++}), also eine hohe **Basensättigung** besteht,
- die meisten der pflanzlichen und tierischen Abfälle innerhalb von wenigen Jahren mineralisiert und somit die darin enthaltenen Nährelemente für die nachwachsenden Pflanzen erneut verfügbar werden und
- als Humusform Mull entsteht, bei dem höhere Gehalte an (stark zersetztem und humifiziertem) Feinhumus in inniger Verbindung mit den Tonmineralen vorliegen.

Inwieweit diese oder aber ungünstigere Verhältnisse gegeben sind, hängt davon ab, welche Mengen an abgestorbener organischer Substanz dem Boden zugeführt werden (letztlich abhängig von der pflanzlichen Produktion), ob die Streu leicht oder schwer zersetzbar ist und welche Zersetzungsbedingungen (d. h. im Wesentlichen Lebensbedingungen für die Bodenorganismen) bestehen. Letztere können beispielsweise durch Trockenheit oder Kälte, Bodenacidität oder Sauerstoffmangel (z. B. bei Wassersättigung) mehr oder weniger lange und stark eingeschränkt sein.

Aus diesen Zusammenhängen erklärt sich, warum **Humusgehalte, Humusformen und Nährstoffdynamik in den einzelnen Ökozonen deutlich voneinander abweichen**. Die ungünstigsten Bedingungen herrschen in der Borealen Zone, der Polaren / subpolaren Zone und den Winterfeuchten Subtropen, die günstigsten in den Steppengebieten der Trockenen Mittelbreiten, gefolgt von den Feuchten Mittelbreiten.

Literatur zur Bodenkunde

Blum, W.: Bodenkunde in Stichworten. Schweizerbart, Stuttgart 2007
Blume, H.-P. et al.: Scheffer / Schachtschabel – Lehrbuch der Bodenkunde.
    Spektrum, Heidelberg 2010
Eitel, B.: Bodengeographie. Westermann, Braunschweig 2001
Kuntze, H. et al.: Bodenkunde. Ulmer, Stuttgart 2005
Stahr, K. et al.: Bodenkunde und Standortlehre. Ulmer, Stuttgart 2008

Bodenwasser

Nahezu alle Höheren Pflanzen versorgen sich ausschließlich über ihre Wurzeln mit Wasser, sind also vom *Boden-wasserhaushalt* abhängig. Darunter versteht man sowohl den Zustand des Bodenwassers nach Verteilung (im Bodenprofil), Menge (Wasserspeicherung) und Bindungsart (Nutzbarkeit für Pflanzen) als auch dessen Veränderungen in der Zeit, also die Wasserbewegungen (Wasser[volumen]fluxe). Abgesehen von den Sonderfällen, in denen eine Wasserzufuhr über Grundwasser oder Überflutungen erfolgt, ist der Bodenwasserhaushalt in erster Annäherung niederschlagsabhängig und damit klimabedingt. Unmittelbare Ausgangsgröße ist aber nicht der Niederschlag, wie er beispielsweise von Klimastationen gemessen wird, sondern **das in den Boden eindringende (= infiltrierende) Niederschlagswasser**. Das kann deutlich mehr oder weniger sein: So erhalten Böden von vegetationsbedeckten Landoberflächen – infolge von Interzeptionsverlusten (Wasser, das an den Pflanzen ungenutzt hängen bleibt) – durchweg weniger, die Böden von Trockengebieten mit schütterem oder fehlendem Pflanzenkleid dagegen mancherorts – infolge von oberflächlichem Zufluss oder (in Nebelwüsten) von Kondensation aus der Atmosphäre – mehr Wasser zugeführt, als über (Freiland-) Niederschläge hereinkommt.

Das in den Boden eindringende Wasser verbleibt dort als **Haftwasser** (Bodenfeuchte) oder geht als **Sickerwasser** in das Grundwasser. Die

Wassermenge, die ein Boden bei freier Dränage maximal hält, wird als **Feldkapazität** oder maximale Haftwassermenge bezeichnet. Sie hängt von seiner Korngrößenzusammensetzung (Bodenart) ab und wird in der Regel in Volumenprozenten angegeben.

In den meisten Ökozonen wird die maximale Haftwassermenge höchstens vorübergehend erreicht und beschränkt sich selbst dann auf einzelne Bodenhorizonte. So kommt es in den Feuchten Mittelbreiten während der sommerlichen Vegetationsperiode zu einem ± weit reichenden **Aufbrauch** der im Winter bis zur Feldkapazität aufgefüllten Wasservorräte (**Rücklagen**). In den Winterfeuchten Subtropen und den Sommerfeuchten Tropen geschieht dieser jahreszeitliche Wechsel von Rücklage zu Aufbrauch mit dem Wechsel von Regen- zu Trockenzeiten. In den Trockengebieten wird die Feldkapazität, vielleicht abgesehen von einigen Steppengebieten der mittleren Breiten, so gut wie niemals erreicht, jedenfalls nicht im Unterboden. Lediglich in den Immerfeuchten Tropen und Immerfeuchten Subtropen besteht für die meiste Zeit im Jahr eine (fast) maximale Wasserspeicherung. In der Polaren / subpolaren Zone sowie teilweise auch in der Borealen Zone ist nach der frühsommerlichen Schneeschmelze und während der anschließenden Auftauphase der Böden sogar mit lange anhaltender Übernässung (Staunässe) zu rechnen, und zwar insbesondere dort, wo Permafrost die Tiefenversickerung dauerhaft verhindert.

Jeweils nur ein Teil der maximalen Haftwassermenge ist pflanzenverfügbar. Relativ (in Bezug auf den Wassergehalt) ist diese **nutzbare Feldkapazität** in Sandböden am höchsten, absolut aber in Lehmböden, da diese erheblich mehr Wasser speichern können. Tonböden mit noch höheren Speicherleistungen schneiden dagegen etwas schlechter als Lehmböden ab, da ihr Wasser stärker „gebunden" ist.

Die den Pflanzen tatsächlich verfügbare Wassermenge ist außerdem von der Tiefe des Wurzelraumes und der Intensität der Durchwurzelung abhängig. Das heißt: Tiefgründig entwickelte lehmige Böden sind für Pflanzen mit intensiven Wurzelsystemen (wie z. B. viele Gräser) am vorteilhaftesten, flachgründige sandige Böden dagegen am ungünstigsten. Dementsprechend lassen sich die Steppenböden der Trockenen Mittelbreiten (wie z. B. Steppenschwarzerden) und viele Böden der Sommerfeuchten Tropen bis weit in die Trockenzeiten hinein agrarisch nutzen, da sie hohe Wasserspeicherkapazitäten haben und regenzeitlich erhebliche Wasserreserven anlegen. Diese bieten den Pflanzen zudem größere Sicherheiten als die eher sporadischen Regenfälle, denen sie zuvor ausgesetzt waren.

Bodenzonen

Die in diesem Buch benutzte Einteilung und Nomenklatur der Bodeneinheiten (-typen) folgt der **FAO-Klassifikation** (1974) und deren Wei-
terentwicklung zur **WRB-Systematik** (World Reference Base for Soil
Resources 2006). Das FAO-System bildet die Grundlage für eine **Welt-**

Tab. 3. Ungefähre Lageentsprechungen zwischen Bodenzonen und Ökozonen.

Bodenzonen[a]	Ökozonen/Teilregionen
Gelic Regosol-Gelic Gleysol-Zone[c]	Tundren- und Frostschuttzone
Podzol-Cambisol-Histosol-Zone	Boreale Zone
Haplic Luvisol-Zone	Feuchte Mittelbreiten
Kastanozem-Haplic Phaeozem-Chernozem-Zone	Grassteppen (feucht)
Xerosol-Zone[b, c]	Grassteppen (trocken) sowie Dorn-savannen und Dornsteppen
Yermosol-Zone[b]	Wüsten und Halbwüsten der Mittelbreiten sowie der Tropen/Subtropen
Chromic Luvisol-Calcisol-Zone	Winterfeuchte Subtropen
Acrisol-Lixisol-Nitisol-Zone	Sommerfeuchte Tropen
Acrisol-Zone	Immerfeuchte Subtropen, Immer-feuchte Tropen in SE-Asien und Feuchtsavannen in S-Amerika
Ferralsol-Zone	Immerfeuchte Tropen (außer SE-Asien und Mittelamerika)

[a] Die ungefähren deutschen Entsprechungen zu den aufgeführten Bodentypen
    werden in den Kapiteln zu den jeweils in der rechten Spalte genannten Öko-
    zonen gegeben.

[b] Die beiden namengebenden Bodeneinheiten *Xerosol* und *Yermosol* wurden
    1988 aus der FAO- Klassifikation gestrichen. An ihre Stelle treten mehrere,
    teilweise neue Einheiten. Da für deren Verbreitung noch keine kartenmäßige
    Erfassung vorliegt, müssen vorläufig die früheren Zonenbezeichnungen bei-
    behalten werden.

[c] Weitere Änderungen ergeben sich aus der 1998 von der WRB vorgelegten
    Fassung. Danach ist die ‚Gelic Regosol-Gelic Gleysol-Zone' in ‚Cryosol-Zone'
    umzubenennen. Als typische Böden für die Xerosol-Zone sind außerdem die
    neu eingeführten Durisole aufzunehmen.

bodenkarte im Maßstab 1:5 Mio. (FAO-UNESCO 1974–81). Unter Verwendung dieses Kartenwerkes entstand die im Anhang B angefügte Bodenzonenkarte. Die Tab. 3 zeigt die Entsprechungen zwischen den Bodenzonen und den Ökozonen.

Literatur

FAO-UNESCO: Soil Map of the World, Vol. I–X und 18 Karten 1:5 Mio. UN-ESCO, Paris 1974–1981
FAO: World reference base for soil resources. World Soil Resources Report 103, Rom 2006 http://www.fao.org/ag/Agl/agll/wrb/doc/wrb2006final.pdf

Pflanzenformationen, Lebensformen

Das natürliche Pflanzenkleid und – in abgeschwächter Form – auch der Pflanzbau spiegeln die ökozonale Differenzierung augenfälliger wider als jedes der anderen landschaftsökologischen Merkmale. Dementsprechend haben die Kapitel zur *Vegetation und ihre Umsätze* im regionalen Teil ein besonderes Gewicht. Mehr als in den anderen Kapiteln geht es in ihnen um eine Synopsis der einzelnen Komponenten (Kompartimente) der zonalen Ökosysteme. Letztlich geschieht dies mit dem Ziel, die Unterschiedlichkeit der naturgegebenen Lebensbedingungen, die in den großen Lebensräumen der Erde für Pflanzen, Tiere und Menschen gegeben sind, aufzuzeigen und dabei Risiken und Chancen für zukünftige Entwicklungen anzusprechen.

Die Kongruenz zwischen biozonaler und ökozonaler Gliederung gründet sich auf die bemerkenswert **konvergenten Entwicklungen**, die überall auf der Welt **bei verschiedenen Sippen** (= Taxa, also Einheiten, der botanischen Systematik) **in Anpassung an bestimmte Standortbedingungen** erfolgt sind. Im Laufe der Evolution entstand hierdurch eine (im Vergleich zur Artenvielfalt) kleine Zahl von **Lebens- oder Wuchsformen**, die jeweils – trotz ihrer taxonomischen (genotypischen) Unterschiedlichkeit – durch ähnliches Aussehen und ähnliche Funktion im Ökosystem (Stellenäquivalenz, wie z. B. bei Kakteen in der Neuen Welt und sukkulenten Euphorbien in der Alten Welt) ausgezeichnet sind.

Jeder Pflanzenbestand kann dementsprechend nicht nur durch seine *Artenzusammensetzung* beschrieben werden, sondern auch durch sein **Lebensformenspektrum**. Während der erste Weg zur Abgrenzung von *Pflanzengesellschaften* (d. h. regelhafte Kombinationen von Arten) führt, sind es beim zweiten **Pflanzenformationen** (Vegetationsformationen). Deren Vorzüge gegenüber den Ersteren liegen darin, dass es sich bei ihnen um **physiognomisch-ökologische Vegetationseinheiten** handelt, d. h. um Einheiten, die über ihre Gestaltmerkmale zugleich (mehr oder weniger zuverlässig) Ausdruck der abiotischen Umweltdifferenzierung sind.

Tab. 4. Lageentsprechungen zwischen zonalen Pflanzenformationen und Ökozonen.

Zonale Pflanzenformationen (Klimaxformationen)	Ökozonen
Polare Wüste Hocharktische Tundra Niederarktische Tundra	Polare/subpolare Zone
Waldtundra Flechtenwald Geschlossener borealer Nadelwald - Immergrüner borealer Nadelwald (dunkle Taiga) - Sommergrüner borealer Nadelwald (helle Taiga)	Boreale Zone
Sommergrüner Laub- und Mischwald Temperater Regenwald - Immergrüner Laub- und Mischwald - Temperater Nadelwald	Feuchte Mittelbreiten
Waldsteppe Langgrassteppe Mischgrassteppe Kurzgrassteppe Wüstensteppe Temperate Wüste	Trockene Mittelbreiten
Hartlaubwald und Hartlaubstrauchformation	Winterfeuchte Subtropen
Subtropischer Regenwald Lorbeerwald	Immerfeuchte Subtropen
Winterfeuchte Gras- und Strauchsteppe Sommerfeuchte Dornsteppe und Dornsavanne Tropisch/subtropische Wüste und Halbwüste	Tropisch/subtropische Trockengebiete

Kurzgrassavanne (Trockensavanne) und
  Trockenwald
Hochgrassavanne (Feuchtsavanne) und
  Feuchtwald
	Sommerfeuchte Tropen

Tropischer Regenwald	Immerfeuchte Tropen

Die räumlich größten Vegetationstypen dieser Art sind die **zonalen Pflanzenformationen.** Das sind z. B. die borealen Nadelwälder, sommergrünen Laub- und Mischwälder, niederarktischen Tundren und immergrünen Hartlaubwälder. Ihre natürliche Entwicklung erfolgte in Anpassung an die globale Klimadifferenzierung. Sie sind daher als *Klimaxformationen* (in ihrer Gesamtheit als Klimaxvegetation oder kurz Klimax) zu verstehen. Die Ökozonen werden (oder wurden) jeweils durch eine oder einige wenige dieser Klimaxformationen (zonalen Pflanzenformationen) repräsentiert (Tab. 4).

Für die **Einteilung der Wuchs- oder Lebensformen** gibt es verschiedene Klassifikationssysteme. In diesem Buch wird dem wohl bekanntesten System von Raunkiaer gefolgt (Abb. 4).

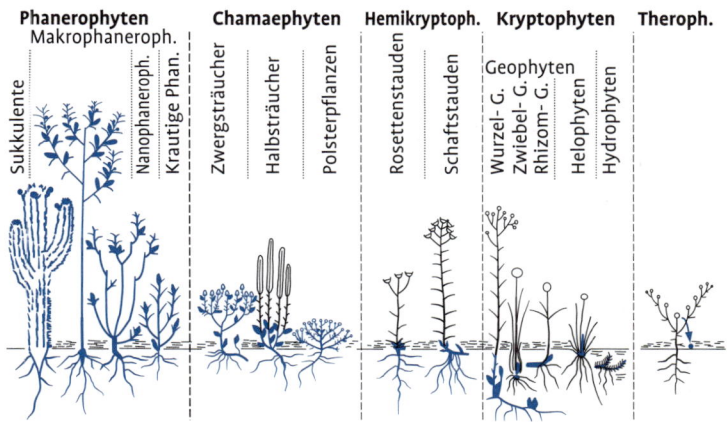

Abb. 4. Lebensformen nach Raunkiaer. Die blau gezeichneten Pflanzenteile überdauern die ungünstige Jahreszeit (Trockenzeit oder Winter), die übrigen sterben zu deren Beginn ab.

Literatur zur Biogeographie

Beierkuhnlein, C.: Biogeographie. Ulmer, Stuttgart 2007

Frey, W. und **Lösch, R.**: Lehrbuch der Geobotanik. Spektrum, Heidelberg 2010

Klink, H.-J.: Vegetationsgeographie. Westermann, Braunschweig 1998

Pott, R. und **Hüppe, J.**: Spezielle Geobotanik. Pflanzen – Klima – Boden. Springer, Heidelberg 2007

Schroeder, F.-G.: Lehrbuch der Pflanzengeographie. Quelle und Meyer, Wiesbaden 1998

Ökosysteme und ökozonale Modelle

Ein natürliches oder naturnahes Ökosystem (ein Bio-Ökosystem)
setzt sich aus einer Lebensgemeinschaft aus Pflanzen und Tieren,
der Biozönose, und deren (abiotischem) Lebensraum, dem Biotop
zusammen. Zwischen beiden bestehen vielfältige strukturelle und
funktionelle Wechselbeziehungen. Unter von außen ungestörten
Bedingungen bilden sich dabei bis zu einem gewissen Grad stabile,
zur Selbstregulation und Selbstregeneration (Reparatur) befähigte
Wirkungsgefüge heraus, d.h. die Bestandesumsätze an Stoffen und
Energien pendeln sich in Form von *dynamischen Gleichgewichten*
ein, und die Bestandesvorräte an organischen und mineralischen
Stoffen werden konstant.

Da es sich bei Ökosystemen um **dynamische Systeme** handelt, in denen
sich die einzelnen Partialkomplexe wie Vegetation, Tierwelt, Bestands-
klima etc. fortlaufend ändern, bestehen derartige dynamische Gleichge-
wichte und konstante Kompartimente freilich nirgends real. Sie sind
vielmehr nur als gemittelte Zustände ableitbar, und zwar entweder als
zeitliche Mittel aus einem Alterungs-Verjüngungs-Zyklus, wie er an jedem beliebigen Ort eines Ökosystems regelhaft abläuft, oder als *räumli-
che Mittel* aus den zu jeder Zeit mosaikartig nebeneinander auftretenden verschiedenen Altersphasen, wie sie sich in jedem (größeren)
Verbreitungsgebiet eines Ökosystems finden.

   Alterungs-Verjüngungs-Zyklen sind insbesondere für Waldformationen auffällig, also insbesondere für die Boreale Zone, Feuchten Mittelbreiten, Winterfeuchten Subtropen, Immerfeuchten Subtropen und
Immerfeuchten Tropen. Dabei folgt (im Zuge der Überalterung domi-
nanter Pflanzensippen) auf eine *Reife-* oder *Optimalphase*, in der die
Primärproduktion höchste Werte erreicht (Abb. 5), eine *Alterungs-* oder
Zerfallsphase, in der umstürzende Bäume Umtriebslücken reißen. Die
Regeneration auf den frei gewordenen Flächen erfolgt zunächst über
nur für diese *Verjüngungs-* oder *Aufbau-(Heranwachs-)phase* charakteristische *Pionierpflanzen*. Erst nach und nach setzen sich die Arten der
vormaligen Waldvegetation wieder durch.

   Annähernd **stationäre Zustände von einiger Dauer** treten allein
dann auf, wenn Pflanzenbestände ihre (späten) Reifestadien erreichen.
Diese haben dementsprechend die mit Abstand größten Zeitanteile an

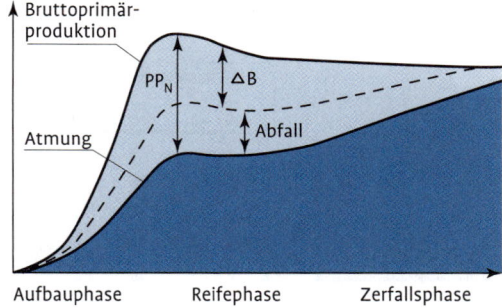

Abb. 5. Die Veränderungen von Primärproduktion, Bestandszuwachs, Abfall und Atmung in einer Waldformation mit fortschreitendem Bestandsalter. Die höchste Nettoprimärproduktion (PP_N) wird beim Übergang von der Aufbau- zur Reifephase erreicht; dann ist auch der Bestandszuwachs (ΔB) am größten. Danach nimmt die Atmung, da das Verhältnis von produktiven Blättern zu unproduktiven Achsen und Wurzeln immer ungünstiger wird, relativ schneller zu und somit der PP_N wieder ab (in Laubwäldern kommt der Holzzuwachs zum Stehen, wenn der Laubanteil unter 1 % der Gesamtmasse sinkt). Da zugleich auch der Abfall anteilig ansteigt, fällt der Rückgang des Bestandszuwachses noch schärfer als der der PP_N aus. In der Alterungsphase schließlich übersteigt die Abfallrate die Nettoproduktionsrate, d.h. die Phytomasse schrumpft. Alle beschriebenen Veränderungen können abgemildert oder aufgehoben sein, wenn die Baumbestände altersmäßig gemischt sind, und demzufolge – auf den gesamten Bestand bezogen – Alterung und Verjüngung miteinander verwoben (statt zeitlich gestaffelt) ablaufen.

Die beschriebene Altersabhängigkeit von Bestandesvorräten und -umsätzen bedeutet in der Konsequenz, dass sich die Ergebnisse von Bestandsaufnahmen und stofflichen Bilanzierungen nur dann sinnvoll (also als repräsentativ für die allgemeinen Merkmale eines bestimmten Ökosystemtyps, z. B. des tropischen Regenwaldökosystems oder des temperaten Laubwaldökosystems) interpretieren lassen, wenn erkennbar ist, in welcher Altersphase sich der jeweils untersuchte Wald befand und in welcher Abhängigkeit die erfassten Merkmale und Umsätze von diesem Bestandsalter (der altersbedingten Entwicklungsphase) stehen.

den altersbedingten Zyklen bzw. höchsten Flächenanteile im Verbreitungsgebiet eines Ökosystems (sie repräsentieren dies am augenfälligsten). Damit ergibt sich eine gewisse Berechtigung für die in der Ökologie gängige und auch in diesem Buch geübte Praxis, die Situation während des Reifestadiums als das eigentliche, ungefähr konstante, (zonen-)typische Ökosystem aufzufassen und hierfür ein **Steady State** anzunehmen, bei dem sich (jedenfalls für eine gewisse Zeit) die Gewinne und Verluste der einzelnen Kompartimente die Waage halten und die Umsätze gleich bleiben.

Das in der Abb. 6 vorgestellte Modellschema zeigt in vereinfachter Form die verschiedenen Bestandesvorräte in einem Ökosystem sowie die zwischen ihnen ablaufenden Umsätze.

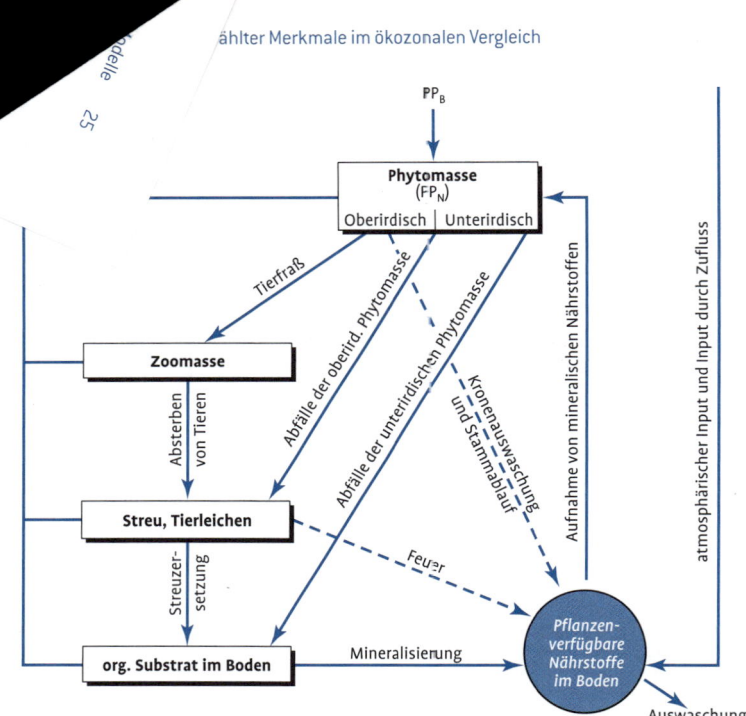

Abb. 6. Vereinfachtes Modellschema eines natürlichen oder naturnahen Ökosystems, das auch zur Darstellung von geozonalen Ökosystemen verwendet werden kann (siehe hierzu Schultz 2000 und 2008).

Literatur

Larcher, W.: Ökophysiologie der Pflanzen. Ulmer, Stuttgart 2001

Kratochwil, A. und **Schwabe, A.:** Ökologie der Lebensgemeinschaften. Ulmer, Stuttgart 2001

Martin, K.: Ökologie der Biozönosen. Springer, Heidelberg 2002

Steinhardt, U., Blumenstein, O. und **Barsch, H.:** Lehrbuch der Landschaftsökologie. Spektrum, Heidelberg 2005

Produktionsleistungen der Pflanzendecke auf der Erde

Die erheblichen Unterschiede, die weltweit für die (pro Flächeneinheit erzeugte) Primärproduktion gefunden werden (Abb. 7), lassen sich nur selten und niemals allein aus ungleichen Assimilationsleistungen (Pho-

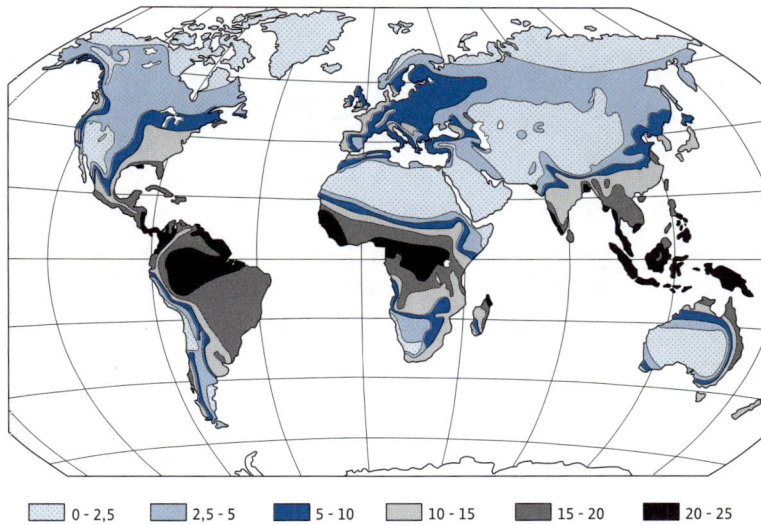

0 - 2,5   2,5 - 5   5 - 10   10 - 15   15 - 20   20 - 25

Abb. 7. Jährliche Nettoprimärproduktion (in t ha^{-1}) auf der Erde.

tosynthesevermögen) der jeweils vorkommenden Pflanzen erklären. Bedeutsamer ist,

- welche Größe und Struktur die oberirdischen Phytomassen bzw. (falls viel photosynthetisch inaktives Achsenmaterial, also Stämme, Äste und Zweige, vorhanden ist) die Assimilationsflächen (Blätter) aufweisen und
- inwieweit edaphische und klimatische Standortbedingungen das Pflanzenwachstum begünstigen oder erschweren.

Die Produktivität der zonalen Pflanzenformationen liegt im Allgemeinen umso höher, je größer deren **Phytomassen** sind (Abb. 7 und 8). Dies gilt freilich nicht für *Grasländer* (Steppen, Grassavannen): Sie erbringen hohe Produktionsleistungen bei kleinen Ausgangsgrößen, da bei ihnen so gut wie die gesamte oberirdische Phytomasse an der Assimilation beteiligt ist.

Als Maß für die Assimilationsfläche eines Pflanzenbestandes dient der **Blattflächenindex** (BFI, oder LAI von *leaf area index*). Damit wird die Summe aller (einseitigen) Blattflächen, also deren Überdeckungsgrad bei horizontaler Ausrichtung (*projected leaf area*), pro Grundfläche angegeben. Obwohl eigentlich als Verhältniszahl dimensionslos, wird in

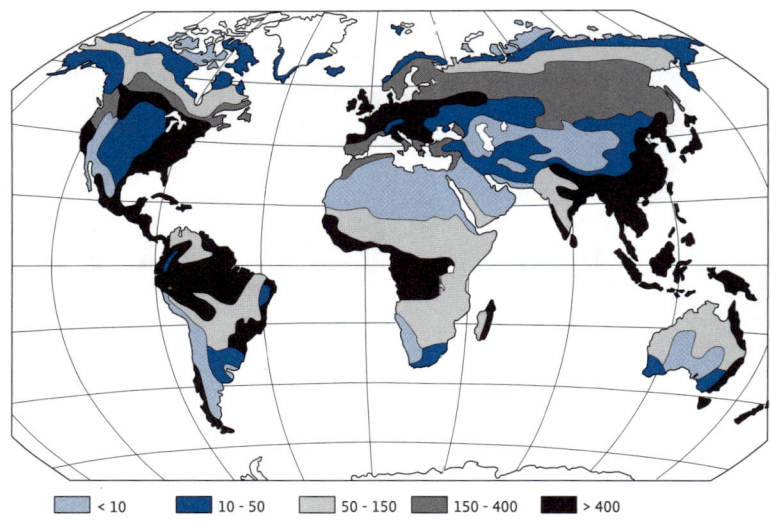

	< 10		10 - 50		50 - 150		150 - 400		> 400

Abb. 8. Verteilung der Phytomasse (oberirdische und unterirdische Pflanzenmasse in t Trockensubstanz pro ha) auf der Erde.

der Literatur oftmals die Maßeinheit m² m⁻² (Blattfläche in m² pro 1 m² Grundfläche) genannt.

In den sommergrünen Wäldern der Feuchten Mittelbreiten liegt dieser Index meist bei 5 – 6, in den Regenwäldern der Immerfeuchten Subtropen bei 7 – 8 und in den Regenwäldern der Immerfeuchten Tropen bei 9 – 10. Am kleinsten ist er in Trockengebieten: Er nimmt dort in dem Maße ab, in dem die Wasserpotentiale der Böden sinken und der Dürrestress entsprechend steigt.

Die Bestandsproduktion wächst mit steigender Phytomasse und LAI verständlicher Weise nur solange, wie sich hierdurch die **Strahlungsabsorption** (Strahlungsinterzeption) von den grünen Pflanzen(-teilen) erhöht.

Zu den **Außenfaktoren, die die globalen Produktionsleistungen von Pflanzenbeständen in besonderem Maße beeinflussen**, gehören die

- jährliche Dauer der Vegetationsperiode,
- Sonneneinstrahlung während der Vegetationsperiode,
- Lufttemperatur während der Vegetationsperiode,
- Wasserverfügbarkeit während der Vegetationsperiode und die
- Verfügbarkeit von mineralischen Nährstoffen.

Die ersten vier dieser Standortbedingungen sind klimabestimmt, die fünfte ist klimabeeinflusst. Entsprechend ändert sich die Produktivität der Vegetation vorrangig mit der breitenzonalen Klimaabfolge. Am höchsten ist sie in den Immerfeuchten Tropen, wo ganzjährig hohe Temperaturen und Niederschläge bei intensiver Sonneneinstrahlung optimal zusammentreffen.

Die bei weitem wichtigste Energiequelle für die Primärproduktion, die Sonneneinstrahlung, steht weltweit in unterschiedlicher Höhe zur Verfügung. Die Tab. 5 zeigt, welche Spannen für die einzelnen Ökozonen charakteristisch sind. Es versteht sich dabei von selbst, dass die Vegetation grundsätzlich nur aus demjenigen Anteil des Strahlungsangebotes Nutzen ziehen kann, der während der (meist thermisch oder hygrisch befristeten) Vegetationsperiode am Boden auftrifft. Ausschließlich dieser Anteil bildet das **solare Wachstumspotential** für die Pflanzendecke (Tab. 5, erste und zweite Spalte).

Der hiervon tatsächlich zur Photosynthese genutzte Teil wird als der **Nutzeffekt der Stoffproduktion von Pflanzenbeständen** (Strahlungsausnutzung oder Energieausbeute der Primärproduktion) bezeichnet. In diesem Buch ist er als *Nettoprimärproduktion (genauer: deren Energiegewinn, -bindung) pro vegetationszeitlicher Globalstrahlung* definiert. Auf der Basis der bisher vorliegenden Messungen liegt dieser Wert im langjährigen Mittel von allen Pflanzenformationen (einschließlich produktionsschwacher Altersstadien) bei etwa 0,5 % (oder 1 % der PHAR). Damit und in der Annahme, dass der mittlere Energiegehalt pflanzlicher Trockensubstanz bei 18 kJ g^{-1} liegt, wurde für jede Ökozone größenordnungsmäßig die Primärproduktion berechnet (Tab. 5, dritte und vierte Spalte).

Allerdings bedarf diese Kalkulation für die warmen Klimazonen einer gewissen Korrektur. Sowohl die generell bestehende **Temperaturabhängigkeit des pflanzlichen Gaswechsels** als auch die Befunde zu den Produktionsraten von tropischen und subtropischen Regenwäldern machen es wahrscheinlich, dass die Energieausbeute äquatorwärts ansteigt, und zwar von etwa 0,4 % (oder 0,8 % der PHAR) in den höheren Breiten auf etwa 0,8 % (oder 1,6 % der PHAR) am Äquator. Unter Anwendung dieses gleitenden Ausnutzungskoeffizienten errechnen sich die bereinigten Produktionswerte in der letzten Spalte der Tab. 5.

Im Ergebnis zeigt sich damit, wie auch die beiden Weltkarten der Abb. 7 und 8 bestätigen, dass sich die einzelnen Ökozonen erheblich nach den Größen ihrer photosynthetischen Leistungsfähigkeit, ihren natürlichen Phytomassen sowie deren Produktionsraten unterscheiden.

Tab. 5. Globalstrahlung und Primärproduktion in den einzelnen Ökozonen.

Ökozonen	Globalstrahlung während einer Vegetationsperiode[a]		Nettoprimärproduktion		
	10^8 kJ ha^{-1}	in % der Jahressummen	Energiefixierung[b] (10^8 kJ ha^{-1} a^{-1})	Trockengewicht[b] (t ha^{-1} a^{-1})	Trockengewicht[c] (t ha^{-1} a^{-1})
Polare/subpolare Zone	50–150[d]	20–50	0,25–0,75	1– 4	1– 4
Boreale Zone	150–300	50–75	0,75–1,50	4– 8	4– 8
Feuchte Mittelbreiten	300–400	75–80	1,50–2,00	8–11	8–13
Trockene Mittelbreiten	150–300[e]	25–50	0,75–1,50	4– 8	4–10 (3–8)
Winterfeuchte Subtropen	200–300	30–55	1,00–1,50	5– 8	6–10
Immerfeuchte Subtropen	500–600	100	2,50–3,00	14–17	19–23
Trop./subtropische Trockengebiete	200–350[f]	25–50	1,00–1,75	5–10	7–14 (6–11)
	100–200[g]	15–30	0,50–1,00	3– 5	4– 6 (3–5)
Sommerfeuchte Tropen	350–550	50–85	1,75–2,75	10–15	14–21
Immerfeuchte Tropen	500–650	100	2,50–3,25	14–18	21–29

a Die jeweils aufgeführten Spannen geben die Grenzen an, zwischen denen die meisten Werte liegen.

b Annahmen: (a) Mittlerer Nutzeffekt der Stoffproduktion: 0,5 % der vegetationszeitlichen Globalstrahlung. (b) Energieäquivalent der produzierten Pflanzenmasse: 18 kJ g^{-1} Trockengewicht.

c Annahme: Nutzeffekte der Stoffproduktion steigen äquatorwärts von 0,4 auf 0,8 % der vegetationszeitlichen Globalstrahlung; Zahlen in Klammern: Korrektur für verminderte Strahlungsabsorption in Trockengebieten, da Pflanzendecke nur lückenhaft. Die genannten Zahlenwerte für den Nutzeffekt verdoppeln sich auf 0,8% bzw. 1,6%, wenn man die Nettoprimärproduktion auf die photosynthetisch nutzbare Einstrahlung (knapp 50% der Globalstrahlungsbeträge von Spalte 1) bezieht. Tiefere Werte gelten für (kalte und warme) Trockengebiete.

d Tundren   e Grassteppen   f Tropische Dornsavannen   g Subtropische Steppen

Mit einigem Recht kann man sie daher als Großräume der Erde bezeichnen, die durch eigenständige naturgegebene Produktionspotentiale sowohl für das natürliche als auch das agrare / forstliche Pflanzenwachstum gekennzeichnet sind.

Literatur s. vorstehende Kapitel zur Vegetation.

Bestandsabfälle und Zersetzung

Als Ergebnis des oberirdischen Bestandsabfalls (Laub und Achsen) entsteht zunächst eine **Streulage** am Boden. In einem Ökosystem pendelt sich deren Mächtigkeit um einen Mittelwert ein, dessen Höhe durch *Streuzufuhr* und *Streuzersetzung* bestimmt wird. Erstere entspricht dabei der Primärproduktion, sofern nicht Tierfraß (Herbivorie), Abbauprozesse an stehenden Pflanzen und Feuer vorzeitig Phytomassenanteile entzogen haben. Alle diese Vorgänge differieren ökozonal beträchtlich, entsprechend unterscheiden sich die jeweiligen *Streuvorräte*.

Die **Geschwindigkeit der Zersetzung** hängt von der Zusammensetzung des Detritus (nach Größe, z. B. Grob- und Feinstreu, und chemischbiologischer Zersetzbarkeit) sowie den klimatischen und edaphischen Bedingungen ab. Sie ist geringer, wenn grobe und holzige Bestandteile (mit hohen Lignin-Gehalten) überwiegen, Cutin, Gerbstoffe und Wachse höhere Anteile haben, die Mineralgehalte niedrig sind und Trockenheit, Kälte, Staunässe oder Bodenacidität die Abbauprozesse behindern.

Tab. 6.   Die Zersetzungsgeschwindigkeit von Laub- bzw. Nadelstreu in verschiedenen Ökozonen.

Ökozonen	Zersetzungsrate (k)	Zersetzungsdauer (3/k)
	jährl. Streuanfall / Streuvorrat	Jahre bis zu 95 %iger Zersetzung
Polare/subpolare Zone: Tundra	0,03	100
Boreale Zone	0,21	14
Feuchte Mittelbreiten	0,77	4
Trockene Mittelbreiten: Grassteppe	1,5	2
Sommerfeuchte Tropen	3,2	1
Immerfeuchte Tropen	6,0	0,5

Hemmnisse dieser Art treten besonders stark in den trockenen und kalten Erdregionen auf. Dort sind die Zersetzungsraten demzufolge am niedrigsten. Sie erhöhen sich – unter sonst gleichen Umständen – mit der Dauer humider Bedingungen und dem Anstieg der Temperaturen. Dementsprechend sind sie in tropischen Regenwaldökosystemen am höchsten (Tab. 6).

Mit der Zersetzung der Streu und der unterirdischen Abfälle erfolgt eine Freisetzung der darin eingebundenen mineralischen Pflanzennährstoffe aus der organischen Einbindung. Erst damit werden sie erneut für die nachwachsenden Pflanzen verfügbar. Insofern ist eine schnelle Zersetzung der Streu vorteilhaft für die **Mineralstoffrückführung** in den Boden. Selbst auf relativ unfruchtbaren Böden vermag sich unter diesen Umständen eine üppige Vegetation zu entwickeln, wie beispielsweise die üppigen tropischen Regenwälder in den Immerfeuchten Tropen. Eine langsame Zersetzung kann demgegenüber zu Engpässen bei der Mineralstoffverfügbarkeit führen. Dieser Fall tritt beispielsweise in der Borealen Zone und dort insbesondere in Hochmooren auf.

Literatur s. vorstehende Kapitel zur Vegetation.

Landnutzung

Die Landnutzung durch den Menschen hat zu einer **weit reichenden Umgestaltung der ursprünglichen Naturlandschaften** geführt. Damit wird aber die **ökozonale Differenzierung nicht aufgehoben**, vielmehr lediglich in einigen ihrer ursprünglich charakteristischen Merkmale verändert. Zwar beruhen die Formen der jeweils praktizierten agraren oder forstlichen Landnutzung auf menschlichen Entscheidungen, die nicht selten weit in die Geschichte und damit andere Lebensumstände zurückreichen. Doch erfolgten diese Entscheidungen gewöhnlich in enger Abstimmung mit den naturgegebenen Möglichkeiten und blieben ihnen auch angepasst, als technische Fortschritte etc. Wege zu neuartigen Nutzungssystemen eröffneten oder sogar erzwangen. Das hat letztlich dazu geführt, dass die vormalige Vegetation durch eine ebenfalls naturangepasste Agrarlandschaft ersetzt worden ist, die (fast) ebenso wie die Erstere die ökozonale Differenzierung (und deren Unterteilungen) widerspiegelt. Zur Verdeutlichung dieser Koinzidenz mögen die Tab. 7 und die Darstellung der globalen Agrarregionen im Anhang C dienen.

Tab. 7. Ungefähre Entsprechungen zwischen Agrarregionen und Ökozonen.

Agrarregionen	Ökozonen[a]
Extensive Wanderweidewirtschaft und Oasenwirtschaft der Trockenräume	**Tropisch / subtropische Trockengebiete**, Trockene Mittelbreiten und **Winterfeuchte Subtropen**: jeweils nur Alte Welt
- Nomadismus, Halbnomadismus	Wüsten und Halbwüsten
- Transhumanz	Dornsavannen, subtropische Steppen, Winterfeuchte Subtropen
Extensive Wanderweidewirtschaft der kalten Klimate (Rentiere)	**Polare / subpolare Zone** und Boreale Zone: Tundren und nördliche Taiga; jeweils nur Alte Welt
Extensive stationäre Weidewirtschaft (Ranching)	**Trockene Mittelbreiten** der Neuen Welt sowie Tropisch / subtropische Trockengebiete von Lateinamerika, Australien und dem südlichen Afrika, jeweils semi-aride Randgebiete; außerdem in siedlungsärmeren Teilgebieten der Sommerfeuchten Tropen wie in Lateinamerika, Australien und Afrika; in S-Amerika auch in den Immerfeuchten Tropen
Intensive Grünlandwirtschaft	**Feuchte Mittelbreiten**: Jeweils küstennahe Regionen von Europa, N-Amerika und Australien
Traditionelle Agrarwirtschaft der wechselfeuchten Tropen	**Sommerfeuchte Tropen** (teilweise übergreifend auf Dornsavannen der Tropisch / subtropischen Trockengebiete sowie in Waldgebieten der Immerfeuchten Tropen): Afrika, Indien (soweit nicht Nassreisbau), Lateinamerika (soweit nicht Ranching)
Bewässerungswirtschaft mit Nassreis	**Sommerfeuchte Tropen**, Immerfeuchte Subtropen und Immerfeuchte Tropen, jeweils in SE-Asien
Acker- und Dauerkulturwirtschaft der Winterregengebiete	**Winterfeuchte Subtropen**
Großbetriebliche Getreidewirtschaft	**Trockene Mittelbreiten (Steppen)**, und Tropisch / subtropische Trockengebiete (Steppen) von S-Amerika und Australien
Spezialisierte Ackerwirtschaft (Farmwirtschaft)	**Immerfeuchte Subtropen** (mit Ausnahme von SE-Asien)

Agrarregionen	Ökozonen[a]
Intensive gemischte Landwirtschaft der gemäßigten Breiten	**Feuchte Mittelbreiten**
Tropische Feucht- und Regenwald-regionen mit Sammelwirtschaft, Wanderfeldbau und Dauerkultur-wirtschaft	**Immerfeuchte Tropen**, Sommerfeuchte Tropen (Feuchtsavannen). Sammelwirtschaft auch in Dornsavannen der Tropisch/subtropischen Trockengebiete vor. Süd- und Ostafrika sowie von Australien
Waldregionen der mittleren und hohen Breiten mit klein-betrieblichem Ge-treide-, Hackfrucht- und Futterbau	**Boreale Zone** und Feuchte Mittelbreiten (tempe-rate Regenwälder)
Anökumene	**Polare/subpolare Zone:** Eiswüsten und polare Wüsten, in Nordamerika auch Tundren; **Trocke-ne Mittelbreiten** und **Tropisch/subtropische Trockengebiete:** Sand- und Steinwüsten; Hochgebirgsregionen

[a] Halbfettdruck: Ökozone mit der besten Lageentsprechung.

Darüber hinaus geben die **ökozonalen Eigenheiten** auch Hinweise dafür,

- auf welche Art jeweils Ertragssteigerungen zu erreichen sind, die über die Primärproduktion der ökozonalen Pflanzenformation hin-ausgehen (z.B. durch bessere Ausnutzung der naturgegebenen Pro-duktionszeit oder deren künstliche Verlängerung mittels Bewässe-rung oder unter Glashäusern)
- und welcher Aufwand an pflanzenbaulichen Maßnahmen hierfür erforderlich ist (z.B. Düngung, Pflanzenschutz, Verwendung leis-tungsfähiger Sorten).

Literatur

Arnold, A.: Allgemeine Agrargeographie. Klett-Perthes, Gotha 1997

Grigg, D. B.: The agricultural systems of the world. Cambridge University Press, Cambridge 1974

Martin, K. und **Sauerborn, J.:** Agrarökologie. Ulmer, Stuttgart 2006

Sick, W. D.: Agrargeographie. Westermann, Braunschweig 1993

3

Polare / subpolare Zone

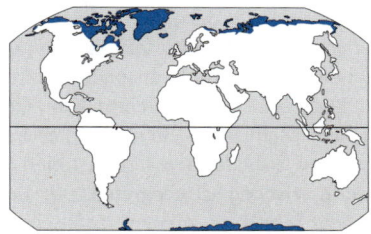

Die Winter sind sehr lang, kalt und dunkel (Polarnacht); die Schnee-
bedeckung hält mindestens 9 Monate an. Die Sommer sind kurz und
kühl mit Lang- bis Dauertagen und niedrigem Sonnenstand. Die
Niederschläge (überwiegend Schneefälle) verteilen sich über das
ganze Jahr; sie bleiben gewöhnlich unter 200 mm. Fast überall
herrscht Permafrost. Innerhalb dieser Ökozone folgen polwärts Tun-
dren, polare Wüsten (Frostschuttzonen) und Eiswüsten aufeinan-
der. Die Frostwechselvorgänge in der sommerlichen Auftauschicht
führen zu auffälligen Boden- und Geländeformen, wie z. B. Frost-
musterböden und Wanderschuttstufen. Die Böden gehören zu den
Cryosolen (nach älterer Klassifikation zu Tundrengleyen, Torfbö-
den, Braunerden und Rohböden). Die Vegetationsperiode ist ther-
misch auf höchstens drei Monate beschränkt, mit einer Sonnenein-
strahlung von $50-150 \cdot 10^8$ kJ ha^{-1}. Die Primärproduktion ist
extrem niedrig (die niedrigste von allen humiden Ökozonen); in
den Tundren liegen die Spitzenwerte bei 4 t ha^{-1} a^{-1}. Trotzdem bilden
sich große Ansammlungen von Streu und Rohhumus am Boden, da
die Zersetzung nicht nachkommt. Die Besiedlung ist außerordent-
lich dünn. Im eurasischen Teilgebiet wird Rentierhaltung betrieben;
in Nordamerika und Grönland lebten die Eskimos traditionell als
spezialisierte Fischer und Jäger.

Verbreitung und subzonale Differenzierung

Die Verbreitung ist bipolar; im Festlandsbereich endet sie äquatorwärts an den polaren Baumgrenzen. Fast alle Teilgebiete liegen in der kontinuierlichen Permafrostzone. Die Gesamtfläche umfasst 22 Mio. km² oder knapp 15 % des Festlandes der Erde. Davon sind rund drei Viertel ständig mit Eis bedeckt und gehören somit zu den **polaren Eiswüsten**. Diese umfassen fast das gesamte südhemisphärische Teilgebiet. Das arktische Teilgebiet ist hingegen, sieht man einmal von Grönland und einigen weiteren polnahen Inseln ab, größtenteils (gletscher-)eisfrei.

Die Grenze zwischen eisbedeckten und eisfreien Gebieten folgt in großen Zügen der **klimatischen Schneegrenze**: polwärts von ihr fällt im Mittel vieler Jahre mehr Schnee als im Sommer abschmilzt, äquatorwärts schmilzt der Schnee hingegen normalerweise in jedem Sommer weg.

Nach den Temperaturbedingungen und der in Anpassung daran differenzierten Vegetation können die eisfreien Gebiete weiter in eine **Frostschuttzone** und eine **Tundrenzone** unterteilt werden. Im Unterschied zu den polaren Eisklimaten, wo Wasser so gut wie ausschließlich in fester Form vorkommt, ist für den periglazialen Bereich der jahreszeitliche Wechsel zwischen Bodeneis und Bodenwasser (in der oberflächennahen Bodenschicht) bzw. zwischen Schneefall und Regen charakteristisch. Die folgenden Ausführungen konzentrieren sich auf diesen periglazialen Bereich.

Klima

Für die Tundrenzone gilt in der Regel, dass die Temperaturmittel im wärmsten Monat zwischen +6 °C und +10 °C liegen und sich während maximal drei Monaten über +5 °C (Schwellenwert für Pflanzenwachstum) halten; polwärts sinken die höchsten Monatsmittel spätestens mit Erreichen der Frostschuttzone unter +6 °C, mit Erreichen der polaren Wüsten, die den kältesten Bereich der Frostschuttzone einnehmen, unter +2 °C.

Die *winterliche Abkühlung* ist in den subpolar-ozeanischen Teilgebieten gering, nimmt aber pol- und kontinentalwärts beträchtlich zu. Die jährlichen Temperaturamplituden wachsen in dieser Richtung von <10 auf >50 °C (= Differenz aus höchsten und tiefsten Monatsmitteln, Abb. 9). Die *tageszeitlichen* Temperaturunterschiede sind dagegen überall und über das ganze Jahr gering, so wie sich auch die tageszeitlichen

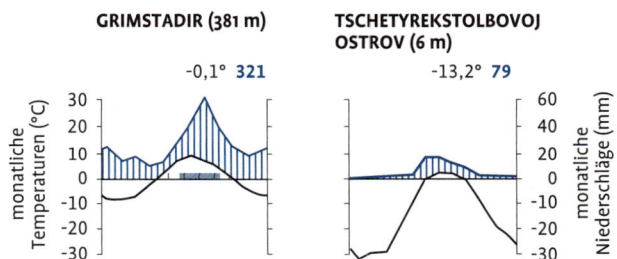

Abb. 9. Klimadiagramme von zwei Messstationen aus der Polaren / subpolaren Zone (zum Diagrammschema siehe Abb. 2). Das Diagramm vom isländischen Grimstadir zeigt die subpolar-ozeanischen Verhältnisse: Geringe jährliche Temperaturamplitude, relativ hohe Niederschläge. Die sibirische Station verdeutlicht demgegenüber die hochpolar-kontinentalen Verhältnisse: Die Temperaturamplitude wächst infolge starker winterlicher Abkühlung beträchtlich an, die Niederschläge liegen nurmehr bei einem Viertel derjenigen von Grimstadir.

Beleuchtungsunterschiede mit Annäherung an die Pole mehr und mehr aufheben: An die Stelle des täglichen Tag- und Nachtwechsels tritt der *halbjährliche Wechsel von Polarnacht zu Polartag*. Es herrscht also nicht nur ein **thermisches**, sondern auch ein **solares Jahreszeitenklima**.

Die jährlichen Niederschläge bleiben – wegen ihrer (temperaturbedingt) geringen Ergiebigkeit, nicht als Folge seltener Niederschlagsereignisse – normalerweise unter 200, zumindest aber (abgesehen von einigen küstennahen Vorkommen) unter 300 mm. Demzufolge erreicht die winterliche Schneedecke, obwohl der größte Teil der Niederschläge als **Schnee** fällt, kaum mehr als 20–30 cm Mächtigkeit.

Im Winter schützt der **Schnee** die von ihm bedeckten Pflanzen und den Boden vor der tiefen Abkühlung, die dann in der Atmosphäre auftritt. Andererseits verzögert er im Frühjahr die Bodenerwärmung. Diese beginnt erst nach der **Schneeschmelze** zu Anfang des Sommers, führt dann aber nahe der Bodenoberfläche rasch zu Temperaturen, die deutlich über die der etwas höheren Luftschichten hinausgehen. Damit beginnt das Auftauen des Bodens und die bis dahin weitgehend in Winterruhe erstarrte Lebewelt erhält einen kräftigen Temperaturschub; die eigentliche *Vegetationsperiode* beginnt (Abb. 10).

Im weltweiten Vergleich erhält die Polare / subpolare Zone mit vegetationszeitlich $50–150 \cdot 10^8$ kJ ha^{-1} die geringsten Jahresmengen an Solarenergie; die Strahlungsbilanz ist nur in der kurzen Zeit von April bis September bzw. – auf der Südhalbkugel – von November bis Februar positiv. Da sich andererseits fast die gesamte Einstrahlung auf wenige Sommermonate konzentriert, kommt es dann zu relativ hohen täglichen

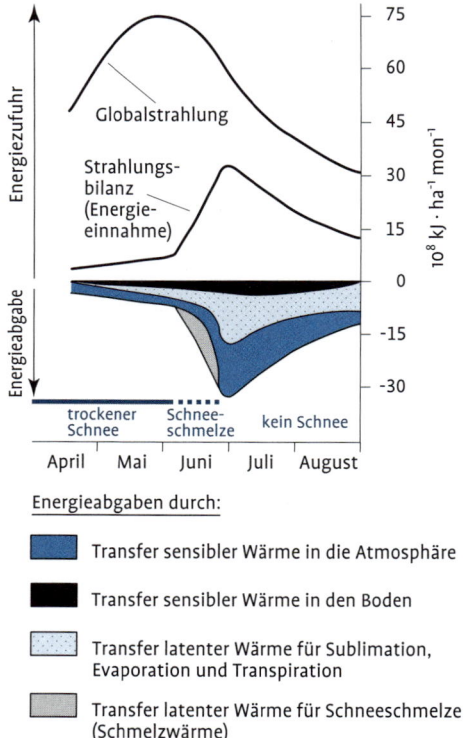

Abb. 10. Sommerlicher Strahlungs- und Wärmehaushalt in der Tundra; nach Messungen in der kanadischen Tundra (79° N, 90° W).

Einträgen. Diese können sich in Spitzenzeiten (auf der Nordhalbkugel im Juni) auf über $60 \cdot 10^8$ kJ ha^{-1} mon^{-1} addieren und damit eine den niederen Breiten vergleichbare Größenordnung erreichen (wenngleich mit höchstens halb so großen Intensitäten, da sie sich über eine doppelt so lange Tageslänge verteilen).

Wenn die **sommerliche Erwärmung** von Landoberfläche und Atmosphäre dennoch sehr langsam voranschreitet und auch ihr Maximum weit hinter dem der übrigen Ökozonen zurückbleibt, so beruht das im Wesentlichen darauf, dass

- die Bodenerwärmung infolge der hohen Wärmekapazitäten und -leitfähigkeiten der meist wasser(eis-)reichen Böden auch nach der Schneeschmelze gering bleibt,

- viel Energie als latente Wärme (d. i. für Schnee- und Eisschmelze, Sublimation und Verdunstung) aus dem Ökosystem abfließt.

Relief und Gewässer in Periglazialgebieten

Trotz der fast überall geringen Jahresniederschläge und dementsprechend geringen Abflussspenden dominieren gewöhnlich **linienhafte fluviale Prozesse** und **flächenhafte Hangabtragungsprozesse durch fließendes Wasser** (*Spüldenudation*). Dies hängt damit zusammen, dass **sehr hohe Niederschlagsanteile** (50 – 70 %) **in den Abfluss gehen** und die **Abflussspenden stoßweise** auftreten: 80 – 90 % des gesamten Abflusses fallen innerhalb von zwei bis drei Wochen an, wenn (nordhemisphärisch im Juni oder Juli) der Schnee schmilzt und ein großer Teil des Schmelzwassers auf dem dann noch bis fast zur Oberfläche gefrorenen und somit undurchlässigen Boden, selbst auf schwach geneigten Hängen, flächenhaft zu den Flüssen abfließt. Dabei können erhebliche Mengen an Feinmaterial abgetragen werden, sobald die oberste Bodenschicht aus der Bindung durch Gefrornis befreit ist (**periglaziale Spüldenudation**). In den Flüssen kommt es in dieser Zeit kurzfristig zu mächtigen Hochwassern, die, unterstützt von mitgeführten Eisschollen, erhebliche erosive Leistungen vollbringen.

In besonders auffälliger Weise zonentypisch sind die mit Frostwechseln verknüpften **frostdynamischen Prozesse**, wie Frostsprengung (von festem Gestein), Kryoturbation (Verwürgungen im Regolith) und Gelifluktion (hangabwärtiges Fließen von Schuttdecken), die zur Bildung von scharfkantigem Frostschutt, diversen Arten von Frostmusterböden (z. B. Steinringe, Steinpolygone, Steinstreifen) bzw. Fließerdedecken und -stufen führen. Ihre Wirksamkeit beruht auf der Volumenänderung gefrierenden und auftauenden Wassers. Sie steigt mit der *Frostwechselhäufigkeit* und dem *Wassergehalt im Gestein und im Regolith*. Außerdem ist sie von der *Art des Materials* (Eigenschaften des Gesteins sowie Korngrößenzusammensetzung und Auftautiefe des Lockermaterials) abhängig – und im Falle der Gelifluktion auch von der Hangneigung.

Böden

Die Böden über Permafrost sind durchweg flachgründig (beschränkt auf eine höchstens 1 m tief reichende sommerliche Auftauschicht) und grobkörnig (wegen vorherrschend mechanischer Verwitterung). Ihre Bildung erfolgt weithin unter dem Einfluss von Vernässung (durch Staueffekt von verbleibendem Bodeneis) und kryogener Prozesse (frostbedingte Brodelbewegungen im Solum). Infolge von erschwerten chemischen und biologischen Umsetzungen entstehen vielfach erhebliche Streu- und (ungünstige) Humusanreicherungen.

Die sich unter diesen Bedingungen am häufigsten bildenden Bodeneinheiten gehören zu den **Gelic Gleysolen** (*Tundrengleye*). Bei ihnen folgen auf torfige Oberböden ziemlich abrupt blaugraue lehmige *Gley-Horizonte*.

Unvergleyte Böden finden sich auf Standorten, die zumindest im Spätsommer frei von Staunässe sind. Sie gehören, wenn die Bodenentwicklung relativ fortgeschritten ist, zu den **Gelic Cambisolen** (*Arktische Braunerden*), bei denen auf die (gewöhnlich nur einige Zentimeter mächtigen) humosen Oberböden (A-Horizonte) verbraunte Unterböden (Bw-Horizonte) folgen.

In Senken können **Gelic Histosole** (*Torfböden*) an die Stelle von Tundrengleye treten. Da sich Torfe aber erst dann bilden, wenn die Vegetation dafür ausreichend produziert, treten Histosole polwärts immer mehr zurück, bis sie schließlich, in den polaren Wüsten, gänzlich fehlen.

In der kälteren **Frostschuttzone** ist die Bodenbildung wegen noch ungünstigerer Klimabedingungen, aber auch wegen der beschriebenen frostdynamischen Prozesse und Abspülungen während der Schneeschmelze fast nirgends über Rohbodenstadien hinausgelangt. Bei flachgründiger oder steinreicher Entwicklung handelt es sich dabei um **Gelic Leptosole** (*Festgesteinsrohböden*), sonst um **Gelic Regosole** (*Lockergesteinsrohböden*). Beide Bodentypen stimmen darin überein, dass ihre A-Horizonte bestenfalls schwach entwickelt sind (auch kein Auflagehumus in Form von Rohhumus oder Torf), Vergleyungen fehlen und die pH-Werte in alkalischem (Kanada, Grönland) oder neutral / schwachsaurem (Russland) Bereich liegen.

Nach den Neuerungen von 1998 gehören alle vorgenannten Böden zur neugeschaffenen Einheit (*WRB Reference Soil Group*) der **Cryosole** (*Frostböden*), soweit sie im Verbreitungsgebiet des kontinuierlichen Permafrostes liegen und im Sommer höchstens bis zu einer Tiefe von einem Meter auftauen. Die sich in der Auftauschicht jährlich wiederholenden Frostwechsel führen im gesamten Bodenprofil zu Verwürgungen (Kryoturbationen), die die Ausbildung von Bodenhorizonten verhindern oder zumindest überlagern. Damit begründen sie die Zusammenfassung aller vorgenannten Bodeneinheiten zur neuen Bodengruppe der Cryosole.

Vegetation und ihre Umsätze

Nur wenige Pflanzenarten können unter den schwierigen Lebensbedingungen der Tundren und polaren Wüsten – kurze und kühle Vegetationsperioden von höchsten 3-monatiger Dauer, vernässte und nährstoffarme Böden sowie kryoturbate und gelifluidale Umlagerungen – existieren. Die Vegetation besteht daher überall aus **artenarmen Gesellschaften**: In den meisten Gebieten wird die Phytomasse der Gefäßpflanzen zu über 90 % von weniger als zehn Arten gestellt. Die vorherrschenden Lebensformen sind Chamaephyten (Zwergsträucher) und Hemikryptophyten (Stauden) (vgl. Abb. 4).

Die **Überlegenheit der Zwergsträucher und Stauden** gegenüber anderen Lebensformen beruht zum einen (gegenüber höherwüchsigen Lebensformen) darauf, dass sich ihr Wachstum (zur schneefreien Zeit) in der temperaturbegünstigten bodennahen Luftschicht abspielt. Zum anderen verbinden sich bei ihnen *Frostschutz* und *fortgeschrittene vege-*

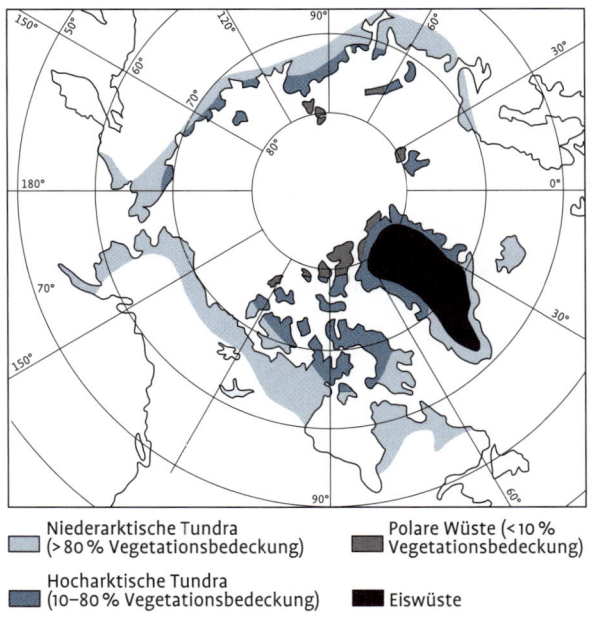

Niederarktische Tundra (> 80 % Vegetationsbedeckung)

Hocharktische Tundra (10–80 % Vegetationsbedeckung)

Polare Wüste (< 10 % Vegetationsbedeckung)

Eiswüste

Abb. 11. Gliederung der Polaren / subpolaren Zone nach dem Grad der Vegetationsbedeckung.

tative Entwicklung optimal miteinander: Die winterliche Schneedecke schützt die Sprosse bzw. (bei den Stauden) die bodennahen Sprossteile vor den (1) extremen Kältegraden, (2) der Windschur (durch vom Wind bewegte Eiskristalle) und (3) der Austrocknung während der frühsommerlichen Erwärmung, wenn der Boden noch gefroren ist; bei der sommerlichen Wiederaufnahme des Wachstums steht zumindest ein intaktes Wurzelsystem, bei den Zwergsträuchern sogar ein vollständiges Sprosssystem bereit. Beide Lebensformen können daher ohne allzu großen Kraftaufwand und Zeitverlust Blätter und Blüten zum Wachstum bzw. zur Reproduktion bilden.

In den südlichen Teilgebieten der nordhemisphärischen Tundren ist die Pflanzendecke geschlossen. In Richtung Pol löst sie sich mehr und mehr auf, bis schließlich nur noch an einigen begünstigten Stellen Pflanzen auftreten. Entsprechend diesem **Süd-Nord-Wandel** lassen sich die periglazialen Gebiete der Arktis / Subarktis in mehrere (im Wesentlichen) **zirkumpolare Zonen** unterteilen. Geschieht dies nach dem Deckungsgrad der Gefäßpflanzen, so lautet das Gliederungsergebnis beispielsweise *niederarktische Tundra, hocharktische Tundra, polare Wüste* und *Eiswüste* (Abb. 11). Die vorgenannte Grenze zwischen der Tundren- und Frostschutzzone, die eher nach klimamorphologischen Gesichtspunkten festgelegt wird, beginnt im Bereich der hocharktischen Tundren (Abb. 12).

Die **Phytomasse** wächst im Allgemeinen mit abnehmender geographischer Breite und abnehmender Höhenlage (also mit steigenden Lufttemperaturen und länger werdenden Vegetationsperioden) bis auf etwa 30 t ha^{-1}. Parallel hierzu vergrößert sich die **Primärproduktion (PP$_N$)** auf etwa 4 t ha^{-1} a^{-1}, bleibt damit aber immer noch unterhalb der Jahresleistungen, die die Vegetation in allen übrigen humiden Regionen der Erde vollbringt.

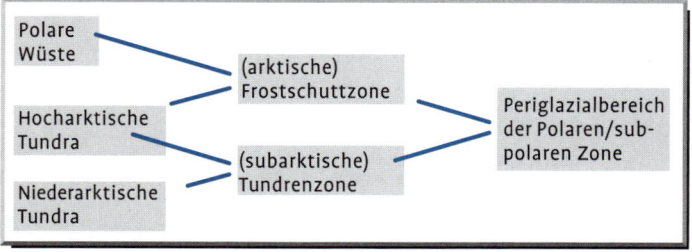

Abb. 12. Sub-ökozonale Gliederung der Polaren / subpolaren Zone (nur Periglazialbereich) nach vegetationsgeographischen und klimamorphologischen Gesichtspunkten.

Der Anteil, den **Herbivore** (Pflanzenfresser, insbesondere Rentiere, Moschusochsen und Lemminge sowie Schneehühner und Gänse) im Mittel vieler Jahre an der Umsetzung der Phytomasse haben, liegt in der Größenordnung von 5 – 10 % der PP_N. Das ist im Vergleich mit anderen Ökozonen hoch (nur in Savannen und Steppen kann die ökologische Bedeutung von Pflanzenfressern noch größer sein). Herbivorie fällt in den Tundren insofern besonders ins Gewicht, als die Zersetzungsvorgänge in vielen Böden mit der Anlieferung von Vegetationsabfällen nicht Schritt halten. Die Herbivoren tragen damit wesentlich zur **Erhaltung des Mineralstoffkreislaufes** bei. Die Pflanzen sind demzufolge ebenso auf die Konsumenten angewiesen, wie diese auf die Pflanzen, die sie als Nahrung benötigen.

Die niedrigen Zersetzungsraten erklären, warum Tundrenökosysteme (insbesondere in niederarktischen Tundren) **hohe Streuauflagen und Humusgehalte** (gewöhnlich Rohhumus oder Torf) aufweisen. Im Verhältnis zur (geringen) Phytomasse hat keine der übrigen Ökozonen ähnlich hohe Mengenanteile an toter organischer Substanz: Vielfach umfassen sie weit über 90 % der gesamten organischen Substanz (= Biomasse + Streu + Humus).

Hemmfaktoren für die Zersetzung sind Wärmemangel, niedrige Stickstoffgehalte (ungünstige C / N-Verhältnisse [= Kohlenstoff / Stickstoff-Verhältnisse]) der meisten Streubestandteile sowie das saure und häufig – aufgrund verbreiteter Staunässe – sauerstoffarme Milieu.

Als Folge der Humus- und Streuanreicherung ist ein großer Teil der Nährstoffe in einer für die Pflanzen unerreichbaren Form festgelegt, d.h. die akkumulierende organische Substanz bildet nicht nur eine Kohlenstoffsenke, sondern auch eine **Nährstoffsenke**. Die Nährstoffimmobilisation (-festlegung) wirkt sich insbesondere auf die *Stickstoffversorgung* nachteilig aus.

Die ökologische Benachteiligung, die durch diese Gegebenheiten für die Tundrenökosysteme entsteht, wird im Vergleich mit tropischen Regenwäldern besonderes deutlich: Während die PP_N gegenüber jenen nur etwa $1/10$ erreicht, dauert die Zersetzung 100 – 1000 Jahre länger als dort.

Landnutzung

Die Polare / subpolare Zone ist ganz **überwiegend siedlungsfrei** (von allen Ökozonen ist sie die siedlungsärmste). Einzig in den subarktischen Tundren ist es zu einer nennenswerten, wenngleich immer noch spärlichen Besiedlung gekommen. Zu den einheimischen Bewohnern zählen Eskimos (Inuit) in Grönland und im nördlichen Amerika (wenige im Nordosten von Sibirien), Samen (Lappen) in Nordeuropa sowie mehrere Ethnien in Sibirien wie Samojeden, Jakuten, Ostjaken, Tschukschen etc.

Während die Eskimos traditionell als **hochspezialisierte Fischer und Jäger,** meist mit Schwergewicht auf Fisch-, Robben- und Walfang in Küstengewässern, leb(t)en, betreiben die Bewohner im nördlichen Eurasien seit altersher eine **nomadische bis halbnomadische Rentierhaltung,** bei der sie mit ihren Herden zwischen Tundren (oder tundrenähnlichen Höhenstufen von Bergländern) im Sommer und südlicher (bzw. tiefer) gelegenen Waldgebieten im Winter wechseln.

Die moderne Besiedlung und Nutzung stoßen auf einige **naturbedingte Schwierigkeiten.** So müssen beispielsweise die tragenden Unterkonstruktionen von Gebäuden und Straßen im Permafrostboden verankert werden, da die sommerliche Auftauschicht weithin wasserübersättigt und dann von morastiger Konsistenz ist. Dabei ist zu beachten, dass eine Wärmeleitung nach unten ausgeschlossen bleibt und andererseits der Gefahr des Hochfrierens vorgebeugt wird, die bei zu starker Isolierung droht.

Besonders aufwendig ist die **Versorgung der Bevölkerung mit Nahrungsmitteln und Wasser,** da die polare Ackerbaugrenze weit südlich innerhalb der borealen Nadelwaldgebiete liegt und Bodenwasser weithin nur in gefrorenem Zustand vorkommt. Und auch die Entsorgung von Haus- und Industrieabfällen kann schwierig sein, da eine natürliche Zersetzung nur sehr langsam erfolgt.

Ein weiteres Problem stellen schließlich **Bodensackungen** mit nachfolgenden Vernässungen dar. Sie können entstehen, wenn – was häufig im Umkreis von Siedlungen geschieht – die Tundrenvegetation zerstört wird. Das führt in der Regel zu einer stärkeren Erwärmung des Bodens, was wiederum dessen sommerliche Auftautiefe vergrößert. Unter den Bedingungen hoher (überschüssiger) Bodeneisgehalte kommt es dann zu einer Absenkung des Geländes und ein flacher See kann sich bilden.

Literatur

Blümel, W. D.: Physische Geographie der Polargebiete. Borntraeger, Stuttgart 1999

Sugden, D. E.: Arctic and Antarctic. Blackwell, Oxford 1982

Thannheiser, D. und **Wüthrich, Ch.:** Die Polargebiete. Westermann, Braunschweig 2002

Wielgolaski, F. E. (ed.): Polar and alpine tundra. *Ecosystems of the World* 3. Elsevier, Amsterdam 1997

4

Boreale Zone

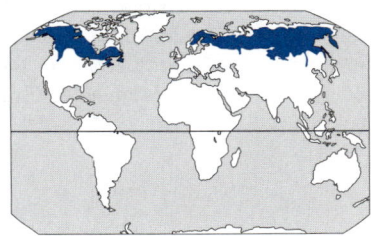

*Die Winter sind sehr kalt mit mindestens halbjähriger Schneebede-
ckung und kurzen Tagen (im Dezember 0 bis maximal 8 h), die Sommer hingegen mäßig warm mit Langtagsbedingungen. An Niederschlägen fallen zwischen 250 und 500 mm a⁻¹, davon etwas mehr
Regen als Schnee. Weithin herrscht Permafrost. In der sommerlichen
Auftauschicht kommt es zur Bildung von Frostwechselformen wie
Palsas, Erdbülten und Alassen. Die Böden sind vorwiegend Podzole
(Bleicherden) und Histosole (Torfböden); in Permafrostgebieten
kommen auch Cryosole (Frostböden) vor. Die Vegetationsperiode ist
thermisch auf 4 – 5 Monate beschränkt, mit einer Sonneneinstrahlung
von $150-300 \cdot 10^8$ kJ ha⁻¹. Natürliche Pflanzenformationen sind die
borealen Nadelwälder sowie Torfmoore in den weiten Niederungen.
Die Primärproduktion der Wälder liegt mit 4−8 t ha⁻¹ a⁻¹ doppelt so
hoch wie in den Tundren (aber niedriger als in den übrigen humiden
Ökozonen). Trotzdem gibt es extrem große Ansammlungen von Streu
und Rohhumus am Boden, da die Zersetzung von organischen Abfällen (insbesondere Nadelstreu) noch langsamer erfolgt als die Anlieferung. Die Bevölkerungsdichte ist mäßig gering. Holznutzung und Abbau von Torflagerstätten stehen vielfach im Vordergrund. Ackerbau
(Gerste, Hafer, Roggen, Kartoffeln) und Grünlandwirtschaft sind
möglich, aber unergiebig.*

Verbreitung

Die Boreale Zone kommt als einzige von allen Ökozonen **nur auf der
Nordhemisphäre** vor. Ihre Verbreitung ist dort erdumspannend mit einer
Nord-Süd-Breite von wenigstens 700 km; maximal werden in Nordame-

rika 1500 km und in Eurasien 2000 km erreicht. Die südlichsten Vorkommen liegen an den Ostseiten der Kontinente bei etwa 50° N, auf den Westseiten infolge warmer Meeresströmungen aber schon bei etwa 60° N. Im Norden endet die Boreale Zone an der **polaren Baumgrenze**, deren Verlauf in Eurasien mit 72° 30' (Taimyr Halbinsel) und in Nordamerika mit 69° ihre nördlichsten Punkte erreicht. Im Süden grenzt sie an die Feuchten und Trockenen Mittelbreiten. Die Gesamtfläche aller Teilvorkommen beträgt 20 Mio. km² oder rund 13 % des Festlandes der Erde.

Klima

Die Winter sind lang und kalt, im Inneren der Kontinente mit $t_{mon} < 30\,°C$ extrem kalt (Abb. 13) und die Tage sind kurz. Unter kontinentalen Klimabedingungen liegen die Jahresmitteltemperaturen <0 °C und viele Böden bleiben ab einer geringen Tiefe auch sommerlich ständig gefroren.

Die Sommer sind mäßig warm: Die Vegetationsperiode ($t_{mon} \geq 5\,°C$) dauert in der Regel 4 – 5 Monate (davon meist 2 – 3 Monate mit $\geq 10\,°C$); mit einer Sonneneinstrahlung von 150 – 300 · 10^8 kJ ha^{-1} bei Langtags- bis Dauertagsbedingungen (zur Zeit des Sommersolstitiums mindestens 16 Stunden). Dadurch werden – ähnlich wie in der Tundra – Nachteile, die aus der gegenüber niederen Breiten geringeren Intensität der

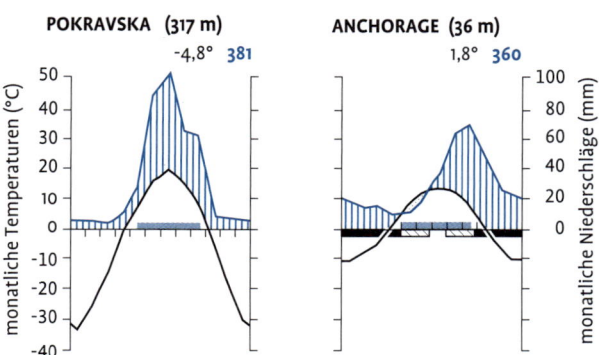

Abb. 13. Klimadiagramme von zwei Messstationen aus der Borealen Zone (zum Diagrammschema siehe Abb. 2). Das linke Diagramm (von einer Station aus der sibirischen Taiga) steht für den kalt-kontinentalen und das rechte (von einer Station aus Alaska) für den kalt-ozeanischen Klimatyp der Borealen Zone. Mit zunehmender Kontinentalität vergrößert sich die jährliche Temperaturamplitude und wächst der sommerliche Niederschlagsanteil.

Sonneneinstrahlung herrühren, wenigstens für einige Zeit kompensiert. So steigt die **Globalstrahlung** in den Monaten Mai bis Juli auf Spitzenwerte von rund $60 \cdot 10^8$ kJ ha^{-1} mon^{-1} oder sogar mehr und liegt damit ähnlich hoch wie in südlicheren Klimazonen zur selben Zeit.

Trotzdem bleiben die **Lufttemperaturen** auch dann niedriger als dort, da ähnlich (wenn auch nicht so extrem ausgeprägt) wie in den Tundren, große Strahlungsanteile während der lange anhaltenden Schneebedeckung reflektiert und später über die Verdunstung des Schmelzwassers in latente Wärme transferiert werden. Und vor allem ist natürlich von Bedeutung, dass die Zeitspanne höherer Einstrahlungsbeträge und positiver Strahlungsbilanzen relativ kurz ist und die zunächst gefrorenen, später – nach dem Auftauen – für einige Zeit wassergesättigten Böden hohe Wärmekapazitäten und -leitfähigkeiten aufweisen, daher nur sehr langsam erwärmen und somit auch die Temperaturen der darüber liegenden Luftschicht verzögert ansteigen.

Im Norden beginnt die Boreale Zone etwa dort, wo die Mitteltemperatur des wärmsten Monats +10 °C überschreitet und damit Baumwuchs möglich wird (polare Baumgrenze). Im Süden endet sie, wo dieses Temperaturlimit in mindestens 4 Monaten überschritten wird und die Vegetationsperiode wenigstens 6 Monate dauert. Bei ausreichendem Wasserangebot folgen die Feuchten Mittelbreiten mit sommergrünen Laubwäldern, sonst – so im Inneren der Kontinente – die Trockenen Mittelbreiten mit Steppen und Halbwüsten.

Die jährlichen Niederschlagssummen bewegen sich in den meisten Gegenden zwischen 250 und 500 mm. Die Schneeanteile sind gewöhnlich etwas kleiner als die Regenanteile, führen aber dennoch zu einer winterlichen Schneebedeckung, die mit 30 – 100 cm mächtiger als in der Tundra ist, andererseits aber mit etwa 6 – 7 Monaten Dauer kürzer anhält.

Relief und Gewässer

In Eurasien fallen weite Teile der Borealen Zone in das Verbreitungsgebiet des **kontinuierlichen Permafrostbodens**, (fast) alle übrigen Teilgebiete – dort wie in Nordamerika – gehören zumindest zum Gebiet des **sporadischen Dauerfrostbodens**. Das heißt, wie für die Polare / subpolare Zone sind auch für die Boreale Ökozone **frostdynamische Vorgänge** und deren Formen charakteristisch. Hierzu zählen insbesondere organogene Bildungen wie Palsas und Strangmoore (Aapamoore); doch sind auch (minerogene) Erdbülten noch ziemlich häufig. Als Abschmelzhohlformen treten Alasse auffällig in Erscheinung.

Zur Zeit der Schneeschmelze kommt es zu gewaltigen Hochwassern über dann noch gefrorenem Grund und vereisten Flussbetten. In den Talauen entstehen dabei Breitenverzweigungen.

Böden

Die vorherrschenden Bodeneinheiten gehören zu den **Podzolen** (*Podsole, Bleicherden*) und **Histosolen** (*Torfböden*). Bei beiden führt (1) die schwere Zersetzbarkeit der harzreichen Koniferennadeln und der oftmals ebenfalls harten Zwergstrauchblätter, (2) die hohe Acidität von Streu und Mineralboden sowie (3) die zumindest über einen langen Zeitraum des Jahres vorherrschende Kälte und Nässe dazu, dass sich mächtige Streuschichten aufbauen (es wird zumindest für längere Zeit mehr organische Substanz produziert als mineralisiert). Unter schlecht belüfteten Bedingungen infolge lange anhaltender Stau- oder Grundwassereinwirkungen bis zur Bodenoberfläche entsteht dabei Torf, sonst **Rohhumus**. Beide Humusformen sind entsprechend ihrer geringen Mineralisierungsraten außerordentlich nährstoffarm und liegen dem Mineralboden weitgehend unvermischt auf. Histosole und Podzole gelten daher generell als unfruchtbar (Abb. 14).

In bergigen Gebieten (z.B. Ostsibirien) dominieren Cambisole (*Braunerden*) und Leptosole (*Rohböden*). In Permafrostgebieten mit einer sommerlichen Auftautiefe von weniger als 1 m treten die bereits für die Polare/subpolare Zone beschriebenen Cryosole (*Permafrostböden*) auf.

Vegetation und ihre Umsätze

Trotz der gewaltigen Ausdehnung der Borealen Zone sind regionale Abweichungen vergleichsweise unbedeutend. Überall dominieren (oder dominierten ursprünglich) artenarme und meist immergrüne **Nadelwälder**, die von zahllosen Seen (Seenplatten) und oligotrophen **Mooren** (Torfmooren) durchsetzt sind. An der nördlichen Grenze, wo der Baumbestand weitabständig bis vereinzelt ist oder sich Tundra und Wald mosaikartig durchdringen, bilden **Waldtundren** ein breites Ökoton.

	Podzol	Eutric Cambisol (Braunerde)	Chernozem (Schwarzerde)
Ton (%)	4,5	16	18
Organische Substanz (%)	6	3	7
pH	4,2	6,1	7,0

Sättigung (%) an Ca-, Mg-, K-, Na-, sowie (H+Al)-Ionen (Kreisfläche entspricht der Höhe der KAK)

Podzol: Mg+K(3), Ca(23), H+Al (74)
Eutric Cambisol: Ca(64), H(25), K+Na(5), Mg(6)
Chernozem: Ca(91), Mg+K+Na(8), H(1)

	Podzol	Eutric Cambisol	Chernozem
KAK cmol(+) kg⁻¹	12	18	28
Basensättigung (%)	26	75	99

Abb. 14. Kationenaustauschkapazität (KAK), Zusammensetzung des Kationenbelags und Basensättigung eines Podzols im Vergleich mit einer relativ fruchtbaren Braunerde (Eutric Cambisol) und einer Steppenschwarzerde (Chernozem). Der Podzol schneidet in allen Merkmalen am ungünstigsten ab. Seine KAK ist um ein Drittel kleiner als die der Braunerde und um mehr als die Hälfte kleiner als die der Schwarzerde. Nur ein Viertel (26 %) der KAK wird beim Podzol durch Nährionen abgedeckt; auf sie entfallen also nur 3 cmol(+) kg⁻¹. Bei der Braunerde sind dies drei Viertel von 18, also 13,5 cmol(+) kg⁻¹ und bei der Schwarzerde so gut wie die gesamte KAK (99 %), also 28 cmol(+) kg⁻¹. Das heißt, in austauschbarer Form besitzt die Braunerde 4mal und die Schwarzerde 9mal soviel Nähr-Kationen wie der Podzol. Noch unterschiedlicher werden die Angebote an verfügbaren Nährstoffen, wenn auch die gewöhnlich ungleichen Durchwurzelungstiefen beachtet werden. Der relativ hohe Anteil an organischer Substanz beim Podzol, 6 % gegenüber 7 % bei der Schwarzerde und nur 3 % bei der Braunerde bedeutet keinen Vorteil; es handelt sich hierbei um biologisch inaktiven Rohhumus, in dem kaum zersetzte (humifizierte) Pflanzenreste überwiegen.

Alle drei Pflanzenformationen sind durchweg artenarm (wenngleich artenreicher als die Mehrzahl der Tundrengesellschaften). In der Baumschicht der Wälder dominieren Fichten, Kiefern, Lärchen oder Tannen. Die *winterkahlen* Lärchen nehmen im extrem kontinentalen Ostsibirien riesige Flächen ein (*helle Taiga*) und stellen im gesamten Sibirien die polare Baumgrenze. Sommergrüne Laubhölzer finden sich vorzugsweise in der Strauchschicht. Der Boden ist weithin mit Zwergsträuchern, Moosen und Flechten bedeckt.

Der Gewinn, den die Nadelbäume aus der Mehrjährigkeit ihrer Nadeln ziehen, liegt insbesondere darin, dass ihr Mineralstoffbedarf gegenüber Bäumen mit jährlichem Laubwechsel deutlich reduziert ist. Insofern ist die Mehrjährigkeit von Nadeln eher als Anpassung an die Mineralstoffarmut der Böden und den durch Permafrost nach unten eingeengten Wurzelraum zu verstehen als an die winterliche Kälte und Frosttrocknis. Die erschwerte Nährstoffversorgung drückt sich im lichten Stand der Bäume (verminderte Wurzelkonkurrenz) sowie in der –

gegenüber Fichten und Tannen der Mittelbreiten – auffällig schlanken Wuchsform aus.

Die Nährstoffarmut der Böden ist auch eine Folge der retardierten biologisch-chemischen Zersetzung von totem organischem Material. Die zahlreichen abgestorbenen Bäume, die zum Erscheinungsbild eines jeden älteren borealen Nadelwaldes gehören, sowie die mächtigen Streuauflagen am Waldboden gehören zu den auffälligsten Zeugen hierfür. Demzufolge bleiben neben Kohlenstoff auch **große Mengenanteile von mineralischen Nährstoffen gebunden**; durch Torfbildung geht ein Teil hiervon sogar auf lange Sicht dem Stoffkreislauf verloren. Betroffen sind insbesondere die verfügbaren Vorräte an Stickstoff und Calcium, weniger die von Kalium.

Aus diesem Grunde spielen **Waldbrände** eine überragende Rolle für die Freisetzung organisch eingebundener Mineralstoffe und damit für die Waldverjüngung. Die ersten Regenerationsstadien bilden relativ produktionsstarke Strauchformationen aus sommergrünen Pappeln, Birken, Ebereschen u. a. Erst in späteren Stadien folgt dann der Wechsel von Laub- zu immer produktionsschwächeren Nadelgehölzen. In der Regel setzt sich jedes größere Waldgebiet mosaikartig aus mehreren Altersstadien zusammen, die zumeist auf ± weit zurückliegende Brandeinwirkungen zurückgehen.

Breitenzonal gliedern sich die Waldgebiete mit der nach Süden zunehmenden klimatischen Gunst. Am auffälligsten drückt sich dies in der ansteigenden Dichte und Höhe des Baumbestandes aus. Entsprechend wachsen die Phytomassen in dieser Richtung von <100 auf etwa 300 t ha^{-1}, und die Primärproduktion nimmt von 4 auf 8 t ha^{-1} zu.

Landnutzung

Obwohl reich an Bodenschätzen, gehören die borealen Waldgebiete zu den dünn besiedelten (meist <5 Einwohner pro km^{-2}) und durch menschliche Einwirkungen insgesamt relativ wenig veränderten Räumen der Erde. Zu den charakteristischen Nutzungsarten gehören Holzeinschlag und Torfabbau sowie traditionell Pelztierjagd und das Sammeln von Wildbeeren. Ackerbau (Gerste, Hafer, Roggen, Kartoffeln) und Grünlandwirtschaft sind möglich, aber wegen klimatischer Ungunst und geringer Bodenfruchtbarkeit unbedeutend.

Literatur

Larsen, J. A.: The boreal ecosystems. Academic Press, NewYork 1980

Osawa, A. et al. (eds): Permafrost ecosystems. Sibirian larch forests. *Ecol. Studies* 209. Springer, Berlin 2009

Shugart, H. H., Leemans, R. und **Bonan, G. B.** (eds.): A systems analysis of the global boreal forest. Cambridge University Press, Cambridge 1992

Treter, U.: Die borealen Waldländer. Westermann, Braunschweig 1993

Weder, R. K. und **Vitt, D. H.** (eds.): Boreal peatland ecosystems. *Ecol. Studies* 188. Springer, Berlin 2005

5

Feuchte Mittelbreiten

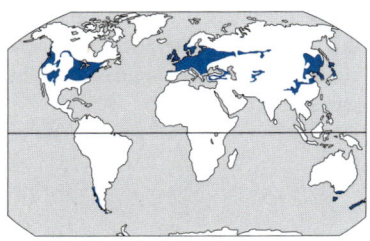

Das Klima ist „gemäßigt", d. h. die winterliche Abkühlung und die Spanne jahreszeitlich wechselnder Tageslängen sind geringer als in der Borealen Zone, aber größer als in den äquatorwärts folgenden Nachbarzonen. Niederschläge halten sich zwischen 500 und 1000 mm a⁻¹, fallen teilweise als Schnee. Lineare Tiefenerosion, Hangabtragung und Verwitterung sind von mäßiger Wirksamkeit. Viele Vorzeitformen, besonders aus dem Pleistozän, haben sich bis heute erhalten. Vorherrschende Böden sind Luvisole (Parabraunerden) und Cambisole (Braunerden) mit günstigen Mineralstoffgehalten und Humusformen. Die Vegetationsperiode dauert mindestens 6, selten bis 12 Monate, mit Strahlungseinnahmen von 300–400 · 10⁸ kJ ha⁻¹. Bei den natürlichen Pflanzenformationen handelt es sich um sommergrüne Laub- oder Mischwälder mit auffälligen saisonalen Aspektwechseln, seltener um immergrüne Nadelwälder oder temperate Regenwälder; Die Primärproduktion beträgt 8–13 t ha⁻¹ a⁻¹. Der (zumeist) herbstliche Blattfall und die relativ rasche Zersetzung der Blattstreu innerhalb von 4 Jahren begründen eine dünne Streuschicht am Boden und einen kurzen Mineralstoffkreislauf mit hohen Umsätzen. Die Bevölkerungsdichte ist hoch; überall dominiert die agrare oder forstlicher Nutzung über naturbelassene / -nahe Flächen.

Verbreitung

Die großen Vorkommen liegen in der Nordhemisphäre jeweils an den Ost- und Westseiten der nordamerikanischen und eurasischen Landmassen, nur kleinere auf der Südhalbkugel in Südamerika, Australien und Neuseeland. Die Breitenlage variiert unter dem Einfluss kalter und warmer Meeresströmungen: An den Westseiten der Kontinente hält sie sich zwischen 40 und 60°, an den Ostseiten ist sie mit etwa 35–50° äquatornäher. Alle Teilvorkommen addieren sich auf rund 14,5 Mio. km² oder 9,7 % der Festlandsfläche der Erde.

Polwärts grenzen die Feuchten Mittelbreiten an die Boreale Zone. Äquatorwärts folgen an den Westseiten der Kontinente die Winterfeuchten Subtropen, an den Ostseiten die Immerfeuchten Subtropen. In den hochkontinentalen Bereichen der Nordhemisphäre fehlen die Feuchten Mittelbreiten entweder ganz, d. h. auf die borealen Nadelwaldgebiete folgen unmittelbar die winterkalten Steppen oder sie nehmen nur schmale Übergangssäume zwischen diesen beiden ein.

Klima

Ähnlich wie die beiden vorgenannten Zonen besitzen auch die Feuchten Mittelbreiten noch einen ausgesprochen **saisonal differenzierten Jahresgang der Temperatur**. Die Tiefst- und Höchsttemperaturen halten sich allerdings zwischen den winterlichen Kältegraden und den sommerlichen Hitzegraden, die normalerweise in den polwärts bzw. in den äquatorwärts folgenden Ökozonen auftreten (Abb. 15). Zwischen Sommer und Winter schieben sich mit Frühling und Herbst längere Über-

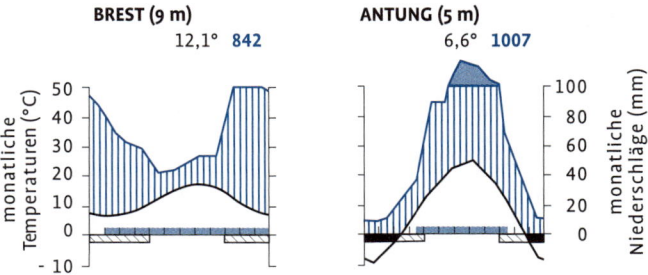

Abb. 15. Klimadiagramme von zwei Messstationen aus den Feuchten Mittelbreiten (zum Diagrammschema siehe Abb. 2). Das Diagramm von Brest aus Westafrika zeigt den ozeanischen, das vom nordchinesischen Antung den kontinentalen Klimatyp der Feuchten Mittelbreiten. Unter ozeanischem Einfluss sind die Winter mild (im Extrem: ganzjährige Vegetationsperiode) und die Sommer kühl; die Niederschläge fallen zum größten Teil im Winter. Unter kontinentalem Einfluss werden die Sommer heißer und die Winter kälter, die Vegetationsperiode verkürzt sich bis auf sechs Monate und die Niederschläge fallen zum größten Teil im Sommer.

gangszeiten. Die *Jahresmittel* liegen zumeist zwischen 6 und 12 °C und die Vegetationsperioden dauern mindestens ein halbes Jahr. Die Sonneneinstrahlung beträgt dann 300 – 400 $10^8 \cdot$ kJ ha^{-1}.

Auch die tageszeitlichen Temperaturschwankungen – größer als in der Polaren / subpolaren und der Borealen Zone, aber kleiner als in den Trockengebieten der mittleren und tropischen Breiten – nehmen eine Art Mittelstellung ein. Ähnliches gilt für die **Tageslängen**, deren Winterminimum bei etwa acht und deren Sommermaximum bei etwa 16 Stunden liegt sowie für die **Niederschläge**, deren Jahressummen sich zumeist – bei großer Zuverlässigkeit – zwischen 500 und 1000 mm halten und deren Verteilung über das Jahr ziemlich ausgeglichen ist. Ein kleiner Teil fällt regelmäßig als Schnee.

So gesehen lassen sich die Bedingungen der Feuchten Mittelbreiten als *gemäßigt* oder *temperat* einstufen, wie dies beispielsweise mit der geläufigen Klimabezeichnung für diese Zone, nämlich *kühlgemäßigte Klimate*, oder in Verbindung mit Vegetationsbezeichnungen, z. B. *temperate Regenwälder*, geschieht. Andererseits ist der Witterungsverlauf hochgradig unbeständig, bestimmt durch frontengebundene (zyklonale) Niederschläge und Wetterluftmassen unterschiedlicher Eigenschaften.

Relief und Gewässer

Auch nach ihrer Morphodynamik gelten die Feuchten Mittelbreiten als gemäßigt: Sowohl die Verwitterungsprozesse als auch die Abtragungsvorgänge laufen vergleichsweise langsam (retardiert) ab. So sind beispielsweise viele der in den pleistozänen Kaltphasen entstandenen glazialen und glaziofluvialen Abtragungs- und Ablagerungsformen und selbst tertiäre Rumpfflächen (in Resten) bis heute erhalten.

Im Unterschied zu den beiden vorgenannten Zonen sind **chemische Verwitterungsprozesse** wie Hydration und Hydrolyse bedeutsamer. Demzufolge sind die Regolithe meist feinkörniger und vor allem, da die chemische Verwitterung im Gegensatz zur mechanischen mit dem einsickernden Wasser auch tief unter die Bodenoberfläche reicht, mächtiger. Allerdings bleiben sie immer noch grobkörniger und flachgründiger als in solchen humiden Zonen, wo die chemische Verwitterung aufgrund ganzjährig höherer Temperaturen intensiver abläuft, wie – im extremsten Fall – unter tropischem Regenwald.

Prozesse flächenhafter Hangabtragung durch Spüldenudation sind unbedeutend: Hohe Infiltrationskapazitäten der meisten Böden für einsickerndes Regenwasser sowie die geschlossene Vegetationsbedeckung sorgen dafür, dass der Abfluss von den Landflächen (zu den Flüssen) im Wesentlichen über Grundwasser erfolgt (Niederschlagsereignisse, deren Intensität die maximal mögliche Infiltrationsrate übersteigt, sind selten). Dementsprechend folgen regenbedingte Abflussspitzen in den Flüssen gewöhnlich erst mehrere Tage nach den verursachenden Niederschlagsereignissen.

Die **Flussdichte** ist hoch, alle Flüsse sind perennierend; der Abfluss hält auch im Winter, in kontinentalen Gebieten gegebenenfalls unter einer Eisdecke, an. Im Vergleich zu den beiden vorgenannten Ökozonen ist der **Abflussgang** weit ausgeglichener, entsprechend bescheiden bleibt die morphologische Wirksamkeit der Flüsse. Winterlicher Frost und Schneeschmelze im Frühjahr beeinflussen den Abfluss meist weniger als die Niederschlagsverteilung über das Jahr und die relativ hohen sommerlichen Verdunstungsabgaben. Das sommerliche Abflussminimum ist daher häufig ausgeprägter als das durch Frost und Schnee bedingte winterliche.

Böden

Im Vergleich zu allen anderen Waldklimaten haben die Feuchten Mittelbreiten günstige **Bodenentwicklungen**. Zu den Vorzügen gehört, dass die *Versauerung* geringer und die *Basensättigung entsprechend höher* ist. Gegenüber der Borealen Zone befindet sich auf dem Boden weniger Streu, dafür aber umso mehr Humus im mineralischen Oberboden (A-Horizont), und zwar mit *Mull und Moder* in einer weit besseren Form als der dort vorherrschende Rohhumus.

Mit Blick auf die Sommerfeuchten Tropen und Immerfeuchten Tropen / Subtropen fällt insbesondere die *günstigere Tonmineralbildung* ins Gewicht. Statt der sorptionsschwachen Zweischicht-Tonminerale aus der Kaolinitgruppe, die in den zonalen Böden jener Zonen dominieren, kommt es unter den kühlfeuchten Bedingungen dieser Zone zur Bildung von sorptionsstärkeren Drei- und Vierschicht-Tonmineralen aus den Gruppen der Illite und Chlorite. Damit verbinden sich in der Regel weit höhere mineralische Nährstoffgehalte; und Düngergaben, die der Landwirt in den Boden bringt, können in größeren Mengen (als beispielsweise in den feuchten Tropen) adsorbiert und von den Kulturpflanzen nach und nach, ihrem Bedarf entsprechend, eingetauscht werden.

Von allen Bodentypen, die in den Feuchten Mittelbreiten vorkommen, haben **Luvisole** (*Lessivés, Parabraunerden*) und **Cambisole** (*Braun-*

erden) die weiteste Verbreitung. Von den Braunerden unterscheiden sich die Parabraunerden durch eine Tonverlagerung aus den Oberböden (Lessivierung), wodurch die Unterböden (B-Horizonte) tonreicher werden. Beide Bodeneinheiten treten oftmals in enger Nachbarschaft auf. Dabei überwiegen Luvisole (bei hoher Durchfeuchtungsintensität) auf kalkreichem Substrat (kommen aber auch auf kalkfreiem Substrat vor). Cambisole finden sich hingegen häufiger auf ärmeren und trockeneren Ausgangsgesteinen.

Vegetation und Umsätze

Nach den klimatischen Gegebenheiten stellen die Feuchten Mittelbreiten **natürliche Standorte für Wälder** dar. In den nordhemisphärischen Vorkommen sind die Naturwälder allerdings durch Holzeinschlag, Brandrodungen, Waldweide etc. nahezu vollständig zerstört und gewöhnlich nur dort, wo keine landwirtschaftlichen oder anderen Interessen bestanden, durch Wirtschaftsforsten ersetzt worden. Die Feuchten Mittelbreiten sind heute – im Vergleich zu früher und zu den anderen Waldklimaten (abgesehen von den Immerfeuchten Subtropen) – waldarm.

Nach den **vorherrschenden Lebensformen der Baumschicht** handelt(e) es sich sowohl bei den Naturwäldern als auch bei den Forsten zumeist um *sommergrüne Laubwälder* oder um *Mischwälder* aus sommergrünen Laubbäumen und immergrünen Nadelhölzern; seltener um *Nadelwälder* (in der pazifischen Nordwestregion Nordamerikas) oder um *Regenwälder* aus immergrünen Laubhölzern (in den meisten südhemisphärischen Teilgebieten sowie früher auch in einigen küstennahen Teilgebieten von Westeuropa). Davon haben die sommergrünen Laub- und Mischwälder als die eigentliche (potentielle) zonale Pflanzenformation der Feuchten Mittelbreiten zu gelten; sie stehen dementsprechend im Fokus der folgenden Darstellungen zur Vegetation.

Die an den Jahresgang der Temperatur geknüpfte klimatische Saisonalität drückt sich in **auffälligen Aspektwechseln** der Vegetation aus (z.B. Blattaustrieb im Frühjahr, Frucht- und Samenreife im Sommer, Laubverfärbung und -abwurf im Herbst,). Daran knüpft sich die Abgrenzung von *phänologischen Jahreszeiten*. Grundsätzlich finden sich solche Aspektwechsel auf der Erde überall dort, wo deutlich (hygrisch oder thermisch) unterschiedliche Jahreszeiten miteinander abwechseln; d.h. in allen Ökozonen, außer den Immerfeuchten Tropen, Immerfeuchten Subtropen und den extremen Hitzewüsten der Tropisch / subtropischen Trockengebiete. Allerdings sind sie in solchen (der übrigen) Ökozonen relativ unauffällig, wo die Floren reich an immergrünen Arten sind, also in den Winterfeuchten Subtropen, der Borealen Zone und den Tundren der Polaren / subpolaren Zone, oder wo die Vegetation infolge arider Bedingungen zurücktritt, wie in allen Wüsten und Halbwüsten. Damit wird der jahreszeitliche Aspektwechsel, trotz seiner weiten Verbreitung, zu einem eher zonenspezifischen Merkmal, charakteristisch für die Mittelbreiten (hier insbesondere die Feuchten Mittelbreiten) und die Sommerfeuchten Tropen.

Die **Phytomasse** wächst zunächst über viele Jahrzehnte – wie in anderen Wäldern auch – mit dem Bestandsalter. Das Maximum wird – je nach Lebensdauer der beteiligten Baumarten – nach etwa 100–200 Jahren erreicht. In den meisten Fällen liegt es dann zwischen 200 und 400 t ha^{-1}. Bereits früher kommt die **Primärproduktion** auf ihren Höchstwert. Auf lange Sicht ist für die PP$_N$ mit 8–13 t ha^{-1} a^{-1} zu rechnen.

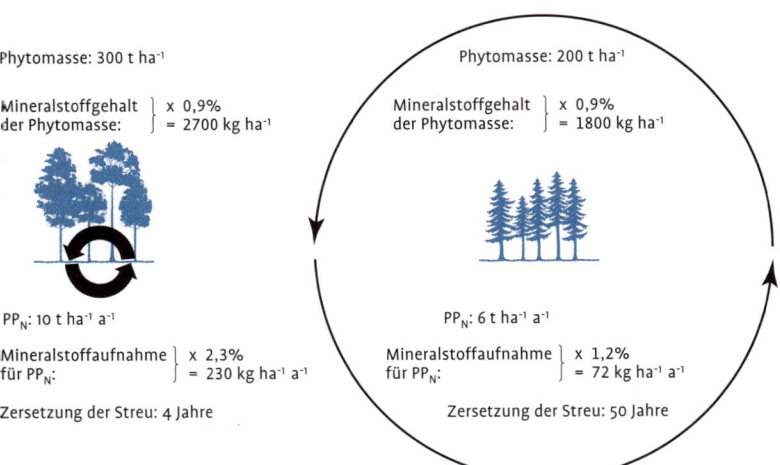

Phytomasse: 300 t ha^{-1}

Mineralstoffgehalt der Phytomasse: } x 0,9% = 2700 kg ha^{-1}

PP$_N$: 10 t ha^{-1} a^{-1}

Mineralstoffaufnahme für PP$_N$: } x 2,3% = 230 kg ha^{-1} a^{-1}

Zersetzung der Streu: 4 Jahre

Phytomasse: 200 t ha^{-1}

Mineralstoffgehalt der Phytomasse: } x 0,9% = 1800 kg ha^{-1}

PP$_N$: 6 t ha^{-1} a^{-1}

Mineralstoffaufnahme für PP$_N$: } x 1,2% = 72 kg ha^{-1} a^{-1}

Zersetzung der Streu: 50 Jahre

Abb. 16. Schema der Mineralstoffkreisläufe in sommergrünen Laubwäldern der Feuchten Mittelbreiten und in Nadelwäldern der Borealen Zone. Die in den Phytomassen der beiden Waldformationen enthaltenen Mineralstoffanteile sind prozentual ähnlich, die absoluten Mineralstoffmengen aber in den Laubwäldern aufgrund der bei ihnen höheren Phytomassen deutlich größer. Noch viel auffälliger ist jedoch, dass in den sommergrünen Laubwäldern Aufnahme, Bedarf und Rückgabe von Mineralstoffen wesentlich höher und die Zersetzung der Streu viel kürzer als in den borealen Nadelwäldern sind. In der Abbildung wurde ein dynamisches Gleichgewicht angenommen, bei dem mengenmäßig die PP$_N$ gleich den Abfällen und die Mineralstoffaufnahme gleich der Mineralstoffabgabe ist.

Die Besonderheiten des **Mineralstoffhaushaltes** lassen sich am besten über einen Vergleich mit borealen Nadelwäldern aufzeigen (Abb. 16):

- Die Laubwälder der Feuchten Mittelbreiten haben einen kurzen, aber umsatzstarken Mineralstoffkreislauf: Die Nährstoffaufnahme im Frühling und Sommer ist hoch, der größte Teil davon wird bereits im nachfolgenden Herbst mit dem Blattfall zum Boden rückgeführt und aus der Streu (im Mittel einschließlich holziger Bestandteile) innerhalb von vier Jahren freigesetzt.

- Die Nadelwälder der Borealen Zone haben hingegen einen langen Mineralstoffkreislauf auf niedrigem Niveau: Der Bedarf für die PP_N ist gering, da die relativ (zum Holz) mineralstoffreichen Nadeln vieljährig und die jährlichen Mineralstoffverluste demzufolge klein sind; andererseits braucht die Freisetzung der Mineralstoffe aus den organischen Substanzen wesentlich länger; Engpässe in der Nährstoffversorgung treten daher eher in der Borealen Zone auf als unter den anspruchsvolleren Laubbäumen der Feuchten Mittelbreiten.

Landnutzung

Die Feuchten Mittelbreiten haben weit höhere Anteile an der Weltbevölkerung als ihren Flächenanteilen entspricht: Von den großen **Dichtezentren der Menschheit**, nämlich (1) Europa, (2) östliche USA sowie (3) Südost- und Ostasien liegen die beiden ersteren weitgehend, das dritte mit größeren Teilgebieten Japans, Koreas und Chinas innerhalb ihrer Verbreitungsgrenzen.

Die Feuchten Mittelbreiten sind nicht nur die bevölkerungsreichsten, sondern auch die **wirtschaftlich höchst entwickelten Erdräume**. Dies zeigt sich u. a. im weit über dem Weltdurchschnitt liegenden hohen Lebensstandard, Verstädterungsgrad, Erwerbstätigenanteil im Dienstleistungssektor und Verflechtungsgrad mit dem Welthandel.

Die **agrare Nutzung** wird begünstigt durch vorteilhafte Lufttemperaturen und Regenverlässlichkeit während einer ausreichend langen Vegetationsperiode sowie durch vergleichsweise fruchtbare Böden oder wenigstens solche, deren Ertragsfähigkeit sich durch Düngergaben erheblich steigern lässt. Das natürliche Potential für eine agrare Nutzung kann dementsprechend als hoch eingestuft werden. Entsprechend hoch liegen die Flächenanteile, die einer pflanzenbaulichen Nutzung zugeführt worden sind. Meist erfolgt sie in Form einer *intensiven gemischten Landwirtschaft* oder einer *intensiven Grünlandwirtschaft*. Vorherrschend sind Getreide-, Hackfrucht- und Futterbau in Kombination mit Viehhaltung. Die häufigsten *Getreidearten* sind Weizen, Roggen, Gerste, Hafer und – seit einigen Jahrzehnten – auch Körnermais. Zu den häufigen *Hackfrüchten* gehören Kartoffel, Feldgemüse, Zuckerrübe und Futterrübe. Weit verbreitet ist auch Raps. Der *Futterbau* umfasst Klee, Luzerne und Grünmasse. Dauerkulturen treten im Unterschied zur Borealen Zone zwar auf, sind aber im Vergleich zu den äquatorwärts benachbarten Winterfeuchten und Immerfeuchten Subtropen von untergeordneter Bedeutung. An *Obstsorten* haben Äpfel, Kirschen, Birnen und Pflaumen, an Beerenfrüchten Erdbeeren, Johannesbeeren und Himbeeren eine gewisse Verbreitung. In wärmeren Regionen besteht Weinbau.

Literatur

Ellenberg, H., Mayer, R. und Schauermann, J. (eds.): Ökosystemforschung. Ergebnisse des Sollingprojekts 1966 – 1986. Ulmer, Stuttgart 1986

Falinski, J. B.: Vegetation dynamics in temperate lowland primeval forests. Ecological studies in Bialowieza forest. *Geobotany* 8. Dr. W. Junk, Dordrecht 1986

Hofmeister, B.: Die gemäßigten Breiten. Westermann, Braunschweig 1985

Likens, G. E. und Bormann, F. H.: Biogeochemistry of a forested ecosystem. Springer, New York 1995

Röhrig, E. und Ulrich, B. (eds.): Temperate deciduous forests. *Ecosystems of the World* 7. Elsevier, Amsterdam 1991

Scherer-Lorenzen, M. et al. (eds.): Forest diversity and function; temperate and boreal systems. *Ecol. Studies* 176. Springer, Berlin 2005

6

Trockene Mittelbreiten

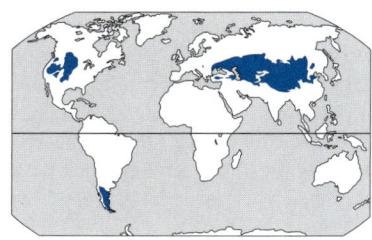

Fast überall sind die Sommer heiß und trocken und die Winter kalt.
Die Vegetationsperiode ist daher sowohl thermisch als auch hygrisch
begrenzt. Im Maße zunehmender Wasserdefizite folgen Waldsteppen,
Langgrassteppen, Kurzgrassteppen, Wüstensteppen, Halbwüsten und
schließlich Wüsten aufeinander. Davon haben die Grassteppen den
größten Flächenanteil. Sie erhalten während ihrer Vegetationsperio-
den eine Sonneneinstrahlung von $150 - 300 \cdot 10^8$ kJ ha^{-1}. Die hier
verbreiteten Böden – Steppenschwarzerden in den Langgrassteppen
und kastanienfarbene Böden in den Kurzgrassteppen – haben hohe
Wasserspeicherkapazitäten und sind nährstoff- und humusreich. Bei
geringer (aber oberirdisch ausschließlich photosynthetisch aktiver)
Phytomasse (Grasmasse) von nur $10 - 25$ t ha^{-1} kann daher mit
$4 - 10$ t ha^{-1} a^{-1} relativ viel produziert werden. Primärproduktion,
Streufall und Abbau der leicht zersetzbaren Streu halten sich im
Laufe eines Jahres die Waage und begründen damit einen extrem
kurzen Mineralstoffkreislauf und Energiefluss. Bevölkerungsdichte
überall niedrig. Steppen werden fast vollständig agrarisch genutzt:
Langgrassteppen durch großbetriebliche Ackerwirtschaft (insbeson-
dere für Weizen), Kurzgras- und Wüstensteppen für Ranching.

Was sind Trockengebiete?

In der globalen Raumdimension lassen sich Trockengebiete nur schwerlich über klimatische Schwellenwerte (z. B. Ariditätsindizes) definieren. Der bessere Weg ist, sie anhand von **feuchteabhängigen Standortbedingungen / Merkmalen** abzugrenzen. So können als Trockengebiete alle jene Räume gelten, in denen

- der Pflanzenwuchs durch Dürre auf wenige (höchstens fünf) Monate des Jahres eingeschränkt ist,
- Wassermangel (Dürrestress) auch während der Regenzeit wichtiger Ungunstfaktor bleibt (hohe Niederschlagsvariabilität, geringe Wasservorräte im Boden),
- Regenfeldbau daher nicht, nur mit hohem Risiko oder bei Anwendung spezieller Methoden (z. B. Dry Farming, Anbau schnellwüchsiger oder trockenresistenter Nutzpflanzenarten, ergänzende Beregnung) möglich ist,
- die natürliche Vegetation durch xeromorphe (dürre-angepasste) Merkmale, das Vorkommen von Salzpflanzen (Halophyten) und ± lückigen Bestand gekennzeichnet ist,
- die Primärproduktion niedrig liegt (brauchbare Richtwerte für die Obergrenze der oberirdischen PP_N sind möglicherweise 3 t ha^{-1} a^{-1} für Wüsten, Halbwüsten und Wüstensteppen sowie 6 t ha^{-1} a^{-1} für die semi-ariden Übergangsräume),
- die Flüsse nur episodisch Wasser führen und in abflusslosen Senken enden (endorheische Entwässerung) und
- aszendierende Bodenwasserbewegungen zu einer Anreicherung von Calciumcarbonat, gelegentlich auch von Calciumsulfat und anderen leicht löslichen Salzen im Bodenprofil führen, womit sich in der Regel ein Anstieg des pH-Wertes in den alkalischen Bereich und der Basensättigung auf 100 % verbindet; großflächig können Krusten aus Kalk, Gips oder sekundärem Quarz entstehen.

Die durch eine Kombination dieser Merkmale gekennzeichneten Räume der Erde umfassen insgesamt knapp ein Drittel des Festlandes. Davon liegen weit über die Hälfte in den warmen Klimazonen (überwiegend zwischen 15 und 35° auf beiden Hemisphären), gehören damit zu den *Tropisch / subtropischen Trockengebieten* (Kap. 9). In der folgenden Darstellung geht es zunächst nur um die jenseits davon gelegenen *Trockenen Mittelbreiten*.

Verbreitung und subzonale Differenzierung

Die *Trockenen Mittelbreiten*, die in einigen Gebieten unmittelbar an die Tropisch / subtropischen Trockengebiete anschließen, reichen polwärts bis etwa 55°. Ihre größten Vorkommen liegen im kontinentalen Eurasien und Mittleren Westen von Nordamerika. Auf der Südhemisphäre kommen sie nur in geringer Ausdehnung in Ostpatagonien und auf der Südinsel von Neuseeland vor. Insgesamt nehmen sie 16,5 Mio. km² oder 11,1 % des Festlandes der Erde ein.

Die **Abgrenzung zu den benachbarten Ökozonen kann über klimatische Richtwerte** beschrieben werden. So wird die Grenze zu den außertropischen Nachbarzonen – also zu den Feuchten Mittelbreiten und zur Borealen Zone – dort erreicht, wo in der für das Pflanzenwachstum ausreichend warmen Jahreszeit (alle Monate mit t_{mon} ≥5 °C) über 200 mm Regen fallen und mehr als vier Monate humid sind. Allein thermische Grenzkriterien gelten dort, wo unmittelbar die Tropisch / subtropischen Trockengebiete anschließen, wie zwischen Turan und Iran, zwischen dem Mittleren Westen der USA und Mexiko sowie zwischen Ostpatagonien und der Pampa seca in Argentinien: Die Tropisch / subtropischen Trockengebiete beginnen jeweils dort, wo die winterliche Abkühlung so gering wird, dass thermische Restriktionen für den Pflanzenwuchs entfallen, d. h. keine einzige Monatsmitteltemperatur auf <5 °C absinkt und mindestens fünf Monatsmittel +18 °C überschreiten.

Im Inneren gliedern sich die Trockenen Mittelbreiten nach den Ariditätsgraden, den daran angepassten Pflanzenformationen, den Böden sowie den agraren Nutzungsformen und Nutzungspotentialen in mehrere **auffällig unterschiedliche Teilräume:** Fallen während der *Vegetationsperiode* mindestens 100 mm Niederschlag und sind dann 2 – 4 Monate humid, so kommen (oder kamen ursprünglich) Steppen vor, in denen meist ein Weizenbau möglich ist; fallen während der Vegetationsperiode hingegen weniger als 100 mm, so finden sich nur noch Wüstensteppen und Halbwüsten, unter 50 mm nur noch Wüsten. Die grasreichen Steppen lassen sich weiter – im Maße zunehmender Trockenheit – in Waldsteppen, Langgrassteppen und Kurzgrassteppen unterteilen.

In den eurasischen Trockengebieten ist die Abfolge dieser Teilräume latitudinal, beginnend mit Waldsteppen im Norden; in Nordamerika ist sie dagegen longitudinal, beginnend mit Langgrassteppen im Osten.

Nach den Flächenanteilen dominieren (oder dominierten ursprünglich) **Steppen** in allen Teilgebieten der Trockenen Mittelbreiten mit rund 75 %. Entsprechend richten sich die Ausführungen des vorliegenden Kapitels schwerpunktmäßig auf die Steppengebiete. Wüsten und Halbwüsten stehen dagegen im Mittelpunkt des Kap. 9 über Tropisch / subtropische Trockengebiete, wo deren Anteile bei rund 60 % liegen. Mit einem gewissen Recht lässt sich daher sagen, dass die Trockenen Mittelbreiten eine *Steppenzone*, die Tropisch / subtropischen Trockengebiete hingegen eine *Wüstenzone* bilden.

Klima

Während des **Hochsommers** erreicht die Einstrahlung ähnlich hohe Beträge wie zur gleichen Zeit in den Tropisch / subtropischen Trockengebieten, da die größere Tageslänge den geringeren Einstrahlungswinkel kompensiert (in den Grassteppen sind dies vegetationszeitlich $150-300 \cdot 10^8 \cdot kJ\ ha^{-1}$). Dementsprechend sind die Sommer – mit Ausnahme von Ostpatagonien und Neuseeland – außergewöhnlich heiß: Die mittleren Monatstemperaturen übersteigen dann (allerdings in höchstens drei Monaten) 20 °C und erreichen gebietsweise 30 °C, wobei jeweils sehr viel höhere Tagesmaxima auftreten können (Abb. 17).

Zumindest während der ausreichend warmen Sommerzeit treten in mehreren Monaten **Niederschlagsdefizite** auf: Die Regenmengen bleiben ± weit unter der potentiellen Evapotranspiration.

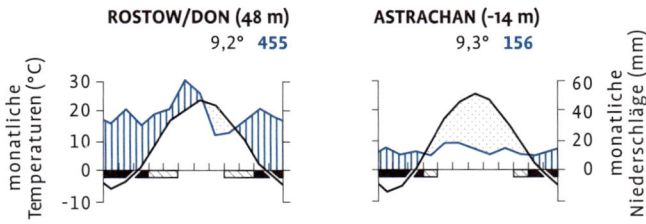

Abb. 17. Klimadiagramme von zwei südrussischen Messstationen aus den Trockenen Mittelbreiten (zum Diagrammschema siehe Abb. 2). Das Diagramm von Rostow steht für eine Langgrassteppe: Während der (für den Pflanzenwuchs ausreichend) warmen Zeitspanne herrschen anfänglich subhumide Bedingungen (Kurve für Niederschläge nur knapp über der für den Temperaturgang), danach nur semi-aride. Die Pflanzen zehren ganz wesentlich von den Wasservorräten im Boden, die in den kalten Jahreszeiten angelegt wurden. Das Diagramm für Astrachan zeigt demgegenüber die Bedingungen einer Halbwüste: Der Temperaturgang über das Jahr ist ähnlich weit gespannt, mit winterlichen Monatsmitteln weit unter dem Gefrierpunkt und sommerlichen Maxima deutlich über 20 °C. Doch die sommerlichen Niederschläge sind viel geringer, so dass insgesamt aride Verhältnisse bestehen. Und da auch die winterlichen Schneefälle weit unter denen der Steppen bleiben, können kaum Rücklagen gebildet werden.

Zum Dürrestress kommt ein **Kältestress**: In vielen Gebieten sinken die mittleren **Lufttemperaturen** zumindest für einen Monat unter den Gefrierpunkt und es bilden sich Schneedecken, die wenigstens einige Tage, häufig einige Monate anhalten. Von Ausnahmen abgesehen können die Trockenen Mittelbreiten daher auch als *winterkalte Trockengebiete* bezeichnet werden.

Relief und Gewässer

In allen Trockengebieten der Erde, ob in mittleren Breiten, Subtropen oder Tropen gelegen, verläuft die Morphogenese in großen Zügen übereinstimmend. Regionale Unterschiede sind eher an wechselnde Ariditätsgrade und Material geknüpft als an die sich mit der geographischen Breite ändernden Temperaturen. Zu den zonenspezifischen Merkmalen der Trockenen Mittelbreiten gehören Frostsprengung und Gelifluktion.

Die **Frostsprengung** spielt auf bloßem Fels und Schutt eine erhebliche Rolle, sofern dafür ausreichend Wasser im Gestein vorhanden ist. Und die bereits in Kap. 3 erwähnte **Gelifluktion** ist überall dort an der Hangabtragung beteiligt, wo es im Laufe des Winters oder im Zuge der Frühjahrsschneeschmelze über noch gefrorenem Unterboden zu starker Bodendurchfeuchtung kommt.

Eine weitere Besonderheit gilt auch für das **Abflussgeschehen**: Nicht so sehr die Regenfälle im Sommerhalbjahr, vielmehr das Frühlingsschmelzwasser der sich winterlich bildenden dünnen Schneedecken begründen Zeitpunkt und Dauer des episodischen Abflusses.

Böden der Steppen

Unter ariden / semi-ariden Klimabedingungen wird die für humide Zonen charakteristische *Bodenauswaschung* (= Verlagerung von leichtlöslichen Salzen, Carbonaten, Fe- und Al-Oxiden, Fulvosäuren und Tonmineralen mit dem einsickernden Regenwasser) relativ unbedeutend oder sogar von einer gegenläufigen Verlagerung (also durch trockenzeitlich im Boden aufsteigendes Wasser) übertroffen. Damit treten **Pedocale** an die Stelle von *Pedalferen*. Diese sind in den Steppen durch freie Carbonate und hohe Basensättigungen ausgezeichnet. Im typischen Fall haben sie **A-C-Profile**: Mächtige humusreiche Oberböden (Ah-Horizonte) liegen unmittelbar dem Ausgangsmaterial (C, meist

Löss) auf. Im Übergangsbereich zwischen A- und C-Horizont kann es zu sekundären Kalkausscheidungen kommen (ACk), beispielsweise in Form so genannter „Lösskindel". Die Humusform ist ein **Mull**. Das Bodengefüge zeichnet sich durch eine stabile Krümelung aus. Die Austauschkapazität und die nutzbare Wasserspeicherkapazität sind hoch. Diese und weitere Merkmale begründen die **hohe potentielle Fruchtbarkeit** der Steppenböden. Einschränkungen für das Pflanzenwachstum gehen allein auf das Konto der klimatischen Trockenheit.

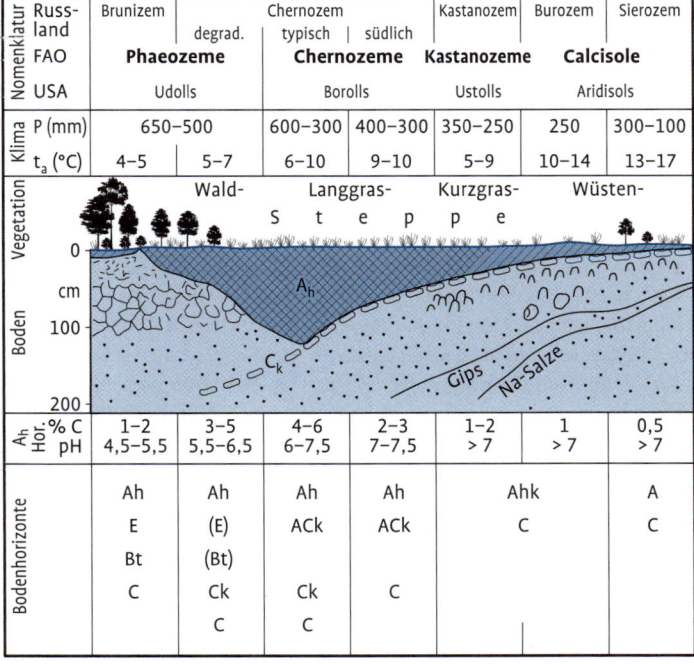

Nomenklatur	Russland	Brunizem		Chernozem		Kastanozem	Burozem	Sierozem
			degrad.	typisch	südlich			
	FAO	**Phaeozeme**		**Chernozeme**		**Kastanozeme**	**Calcisole**	
	USA	Udolls		Borolls		Ustolls	Aridisols	
Klima	P (mm)	650–500		600–300	400–300	350–250	250	300–100
	t_a (°C)	4–5	5–7	6–10	9–10	5–9	10–14	13–17
A_h Hor.	% C	1–2	3–5	4–6	2–3	1–2	1	0,5
	pH	4,5–5,5	5,5–6,5	6–7,5	7–7,5	> 7	> 7	> 7
Bodenhorizonte		Ah	Ah	Ah	Ah	Ahk	A	
		E	(E)	ACk	ACk	C	C	
		Bt	(Bt)	Ck	C			
		C	Ck	C				
			C	C				

Vegetation: Wald- – Langgras- – Kurzgras- – Wüsten- / Steppe

Abb. 18. Klimasequenz eurasischer Steppenböden: Phaeozeme (Waldsteppenböden, Degradierte Tschernoseme) – Chernozeme (Tschernoseme, Steppenschwarzerden) – Kastanozeme (Braune [Kastanienfarbene] Steppenböden) – Calcisole u. a. (siehe Kap. 9 Tropisch / subtropische Trockengebiete). Mit zunehmender Aridität nehmen die Mächtigkeiten des Ah-Horizontes und dessen Humusgehalt (% C) zunächst zu, dann aber wieder ab. Die übrigen Variablen verändern sich hingegen gleichsinnig mit dem Ariditätsgrad: Die Lessivierung (deszendente Verlagerungen) verringert sich (der E-Horizont verschwindet), die Gehalte an Kalk (Ck, ACk und Ahk), Gips und Natriumsalzen sowie der pH-Wert steigen kontinuierlich an. P = mittlere Jahresniederschläge, t_a = mittlere Jahrestemperatur, C = organischer Kohlenstoff.

Im Maße zunehmender Aridität folgen **Phaeozeme** (*Waldsteppenböden*), **Chernozeme** (*Steppenschwarzerden*) und **Kastanozeme** (*Braune oder kastanienfarbene Steppenböden*) aufeinander (Abb. 18). Davon haben die Chernozeme die mächtigsten und humusreichsten Oberböden.

An Standorten mit Neigung zu Staunässe oder mit hohem Grundwasserstand, wo in den humiden und subhumiden Klimaten Gleye (Gleysole), Pseudogleye (Planosole), Auenböden (Fluvisole) oder Torfböden (Histosole) auftreten, finden sich in den Trockengebieten, auch in denen der Tropen und Subtropen, halomorphe Böden. Darunter werden solche Böden verstanden, deren Gehalte an löslichen Salzen oder Natrium so hoch sind, dass die meisten Pflanzenarten (auch Nutzpflanzen) in ihrem Wachstum beeinträchtigt werden. Das sind entweder **Solonchake**, für die hohe Salzgehalte charakteristisch sind (= *Salzböden, Weißalkaliböden*), oder **Solonetze**, die eine hohe Na-Sättigung des Sorptionskomplexes aufweisen (= *Natriumböden, Schwarzalkaliböden*).

Vegetation und ihre Umsätze

Sowohl die Trockenen Mittelbreiten als auch die Tropisch / subtropischen Trockengebiete bestehen in ihren Kernräumen aus vollariden *Wüsten und Halbwüsten*, an die sich randlich – meist in Form breiter Übergangssäume zu den feuchteren Nachbarzonen – semi-aride Gras- / Krautfluren oder offene Gehölzformationen mit grasreichem Unterwuchs anschließen. Soweit diese semi-ariden Räume in den Trockenen Mittelbreiten und Subtropen gelegen sind, werden sie als *Grassteppen* (in Nordamerika: Prärien) bzw. Strauch- (ggf. Dorn-)*steppen*, sonst als Dorn*savannen* bezeichnet. Im Unterschied zu den subtropischen Strauchsteppen und den tropischen Savannen sind die **Grassteppen** weithin völlig baumfrei.

In Anpassung an den Dürrestress besitzen viele Pflanzen **xeromorphe Merkmale**. Diese sind verständlicherweise umso häufiger und ausgeprägter, je weniger Niederschläge fallen: die Blätter werden kleiner und dicker, die für Atmung und Photosynthese wichtigen Schließzellen (Stomata) nehmen an Größe ab (an Zahl aber zu), die Dichte der Blattaderung steigt und viele Sträucher verlieren vorübergehend ihr Laub (was aber auch als Antwort auf Winterkälte geschieht).

Da die mineralischen Nährstoffe mit dem Wasser aus dem Boden aufgenommen werden, hat ein eingeschränktes Wasserangebot zugleich eine **reduzierte Nährstoffaufnahme** zur Folge. Das heißt, es kommt zu Engpässen für die Produktion an zwei Fronten und zwar sowohl beim photosynthetischen Gaswechsel (wegen Schließung der Spaltöffnungen bei Dürrestress) als auch bei der sekundären Stoffsynthese (wegen Mineralstoffmangels).

Gemessen an der geringen Phytomasse (von 10–25 t ha^{-1}) ist die Produktion der meisten Steppen mit 4–10 (max. 15) t ha^{-1} a^{-1} außerordentlich hoch. In den vergleichsweise feuchten Wald- und Langgrassteppen, in denen Wälder und Grasfluren unter ähnlichen klimatischen (lediglich edaphisch abweichenden) Bedingungen vorkommen, lassen sich die Produktionsleistungen direkt vergleichen. Dabei zeigt sich, dass beide Formationen ähnlich flächenproduktiv sind, obwohl die Phytomassen der Wälder um das 10- bis 15-fache höher liegen.

Die Steppen produzieren ökonomischer, da sie oberirdisch keine unproduktiven (nur atmenden, also verbrauchenden) verholzten Achsen bilden, sondern **ausschließlich photosynthetisch aktive Organe**. Und günstig ist auch die vergleichsweise **ausgeglichene Lichtverteilung innerhalb der Grasschicht**: Aufgrund der vorwiegend steil gestellten

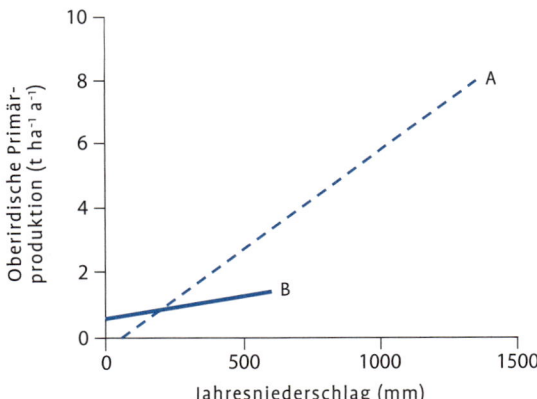

Abb. 19. Die Beziehung zwischen oberirdischer Primärproduktion und jährlichen Niederschlägen in nordamerikanischen Steppen. Die Kurve A zeigt die Produktionsunterschiede, wie sie sich an den verschiedenen Orten der Central Grassland Region der USA in Abhängigkeit von deren mittleren Jahresniederschlägen herausgebildet haben. Die Kurve B zeigt demgegenüber, wie sich die Produktion einer Kurzgrassteppe an einem bestimmten Ort im nördlichen Colorado im Laufe eines längeren Zeitraumes (Langzeitversuch) mit den von Jahr zu Jahr wechselnden Niederschlägen ändert. B steigt langsamer an als A, da die jeweils in Anpassung an die mittleren Niederschläge ihrer Standorte entstandenen Vegetationsstrukturen nur zu einer begrenzten und über mehrere Jahre verzögerten Reaktion auf Regenüberschüsse in einzelnen Jahren fähig sind. Keinerlei Beziehung besteht zwischen der PP$_N$ und Temperaturunterschieden in einzelnen Jahren.

Blätter erreicht noch wenigstens die Hälfte der photosynthetisch ver-
wertbaren Strahlung die Mitte des Bestandes. In Wäldern ist der Licht-
abfall durchweg stärker; bei ihnen gelangen oftmals nur etwa 10 % des
Außenlichtes in den Stammraum.

Für alle (also auch tropischen) Grasfluren, in denen das Wasserangebot zumindest zeitweilig im Minimum steht, gilt die Regel, dass sich die
regionalen Größenunterschiede von oberirdischer Phytomasse und Primärproduktion direkt mit den jährlichen oder vegetationszeitlichen
Niederschlagsmengen korrelieren lassen. Diese Korrelation zeigt sich
sowohl im zeitlichen Vergleich (von unterschiedlich regenreichen Jahren am selben Ort) als auch im räumlichen Vergleich (von im langjährigen Mittel unterschiedlich regenreichen Orten) (Abb. 19).

Die gesamte **oberirdische Phytomasse** stirbt – sofern nicht vorher
von Herbivoren gefressen oder von Grasfeuern verbrannt – spätestens
im Herbst ab und wird dann zur **Streu**. Deren Abbau erfolgt, da es sich
um leicht zersetzbares krautiges Material handelt, überwiegend innerhalb eines Jahres durch eine überaus reiche Bodenflora und -fauna. Es
kommt daher nirgends zu größeren Streuauflagen.

Damit ergibt sich für das **Steppen-Ökosystem der einzigartige Fall**,
gieflüsse bestehen und (2) dementsprechend in großer Annäherung
Steady-State-Verhältnisse vorliegen. In allen übrigen Ökozonen einschließlich Tundra und Wüste wird jeweils über längere Zeit gehortet,
das heißt, Energie und Mineralstoffe in Form von langlebigen verholzten Bestandeszuwächsen oder / und schwer zersetzbaren Abfällen festgelegt, ehe dann, in einer Alterungsphase (Zerfallsphase) oder als Folge
extremer Bedingungen, z. B. durch Feuer, Windbruch oder extreme Tro-
ckenjahre, eine eher schlagartige Rückführung größerer Vorratsanteile
erfolgt.

Landnutzung

Alle Trockengebiete, also auch die tropisch / subtropischen, sind land-
wirtschaftlich (nach der Pro-Hektar-Leistung) unergiebig und dementsprechend dünn besiedelt. Die einzige Ausnahme stellen die Steppen, die
zwar nach der Besiedlungsdichte ebenfalls eher zu den „Leerräumen"
der Erde zu stellen sind, aber seit langem fast vollständig agrarisch genutzt werden. Die Form, in der dies geschieht, ist bei hohem Kapitalein-
satz großbetrieblich und flächenextensiv. Angebaut wird Getreide (meist
Weizen); sonst handelt es sich um eine extensive stationäre Weidewirt-

schaft (Ranching). Ersteres findet sich in den früheren Langgrassteppen und in den Übergangsräumen zu den früheren Kurzgrassteppen, Letzteres überwiegt in den trockeneren Kurzgras- und Wüstensteppen. Dazwischen liegt die **agronomische Trockengrenze**, d. i. hier die Grenze, bis zu der die Regenmengen einen Getreidebau gerade noch erlauben. In den wärmeren südlichen Steppengebieten sind dies *jährlich* 300 – 350 mm, in den kühleren nördlichen Steppengebieten 250 – 300 mm. Bei Anwendung moderner Nutzungstechniken (wie z. B. Dry Farming), Aussaat trockenresistenter Arten oder Sorten und unter geschickter Ausnutzung der hohen *nutzbaren Feldkapazitäten* der Böden kann der Regenfeldbau aber auch noch bei geringeren Jahresniederschlägen betrieben werden.

Literatur

Coupland, R. T. (ed.): Natural grasslands. *Ecosystems of the World* 8A und 8B. Elsevier, Amsterdam 1992 und 1993

Hornetz, B. und **Jätzold, R.:** Savannen-, Steppen- und Wüstenzonen. Westermann, Braunschweig 2003

Skujins, J. (ed.): Semiarid lands and deserts – soil resource and reclamation. Marcel Dekker, New York 1991

West, N. E. (ed.): Temperate deserts and semi-deserts. *Ecosystems of the World* 5. Elsevier, Amsterdam 1983

7

Winterfeuchte Subtropen

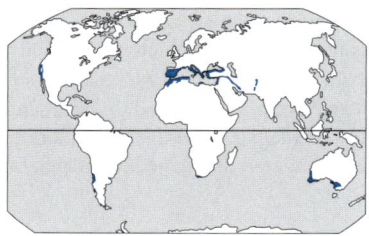

Die Sommer sind trocken und warm, die Winter feucht und kühl. Die humide Zeit umfasst das gesamte Winterhalbjahr und reicht mit bis zu drei Monaten in das Sommerhalbjahr. Sie ist identisch mit der Vegetationsperiode, Die dann zu erwartende Sonneneinstrahlung beträgt $200-300 \cdot 10^8$ kJ ha^{-1}. In wenigstens drei Sommermonaten leiden die Pflanzen unter Dürrestress. Viele Böden gehören zu den roten oder braunroten Chromic Luvisolen und Chromic Cambisolen (terra rossa, terra fusca). Verbreitet tritt ein Mangel an Phosphor und Stickstoff auf. Zur natürlichen Vegetation gehören insbesondere immergrüne hartlaubige Baum- und Strauchformationen. Deren Primärproduktionen liegen um $3-10$ t ha^{-1} a^{-1}. Wald- und Buschbrände treten auffällig häufig auf. Die Bevölkerungsdichte ist ziemlich hoch. Weithin sind Dauerkulturen mit Weinreben, Ölbäumen, Mandeln Feigen, Citrus u. a. sowie Bewässerungskulturen für Reis und Baumwolle angelegt worden. Regenfeldbau, beispielsweise mit Weizen, Feldgemüse und Kartoffeln, wird nur im Winter betrieben.

Verbreitung und regionale Differenzierung

Die Winterfeuchten Subtropen (auch *mediterrane S.* genannt) treten in fünf kleinen, voneinander isolierten Vorkommen auf, die sich jeweils küstennah an den **Westseiten der Kontinente** beider Hemisphären in einer Breitenlage von 30 – 40° zwischen den Feuchten Mittelbreiten und den Tropisch / subtropischen Trockengebieten befinden. Ihre Gesamtfläche beläuft sich auf nur 2,5 km² oder 1,7 % der Festlandsfläche. Die Winterfeuchten Subtropen bilden damit die kleinste Ökozone.

Klima

Während des Sommers liegen die Winterfeuchten Subtropen im Einflussbereich der subtropisch-randtropischen Hochdruckgebiete. Strahlungswetter und Trockenheit herrschen vor (**sommerliche Trockenzeit**). Während des Winters setzt sich dagegen mit der äquatorwärtigen Verschiebung der planetarischen Strahlungs- und Luftdruckgürtel das zyklonale Wettergeschehen der Mittelbreiten durch. Regenwetter mit frontengebundenen Niederschlägen wechseln dann, wie in den Feuchten Mittelbreiten, mit strahlungsreichem Hochdruckwetter ab (**winterliche Regenzeit**). Kaltlufteinbrüche lassen selbst im Tiefland Fröste auftreten, führen allerdings kaum zu längeren Frostperioden (siehe Abb. 2).

Die **mittleren Jahresniederschläge** steigen in der Regel polwärts an, maximal auf etwa 800–900 mm. Parallel hierzu werden die Regenzeiten länger. In extremen Fällen umfasst die sommerliche Trockenperiode nurmehr einige regenarme (semi-aride) Monate.

An der trockenen (äquatorwärtigen) Seite enden die Winterfeuchten Subtropen entsprechend der in diesem Buch vorgenommenen ökozonalen Gliederung dort, wo die Trockenzeit ein halbes Jahr übersteigt (mindestens sieben Monate arid) und die jährlichen Niederschlagssummen unter 300–350 mm fallen. Die für die Winterfeuchten Subtropen charakteristischen hartlaubigen Phanerophyten finden hier ihre Verbreitungsgrenzen; jenseits folgen Gras- und Strauchsteppen.

Die **sommerliche Erwärmung** ist, bedingt durch Meeresnähe und relativ niedrige Temperaturen der Küstengewässer (überall kalte Meeresströmungen, häufig Nebel), geringer als sonst in gleicher Breite. Nur im weit ins Festland hineinreichenden Mittelmeergebiet kommt es zu ausgesprochen heißen Sommern.

Die **winterliche Abkühlung** hält sich ebenfalls in Grenzen. So gehen die Mitteltemperaturen, abgesehen von einigen polwärtigen (= submediterranen) Randregionen auch im kältesten Monat nicht unter +5 °C. Eine thermisch bedingte Vegetationsruhe tritt nicht auf, doch besitzen der Frühling und – nach den ersten Regenfällen – der Herbst eine günstigere Feuchte-Temperatur-Konstellation für die Vegetation und den Pflanzenbau als der Winter. Die eigentliche Stresszeit ist der Sommer, der wichtigste Selektionsfaktor die dann mehr oder weniger lange und stark eingeschränkte Wasserverfügbarkeit.

Die Sonneneinstrahlung während der 6–9-monatigen Vegetationsperiode hält sich zwischen 200 und 300 · 10^8 kJ ha^{-1}.

Relief und Gewässer

Fluviale und denudative Prozesse beschränken sich auf eine ± kurze Zeitspanne **im Winterhalbjahr**, können dann aber – unterstützt durch teilweise hohe Reliefenergie, weithin flachgründige Böden und eine lückige Vegetationsdecke (zu Beginn der Regenzeit) – ganz beträchtliche Ausmaße annehmen. Erst recht gilt dies, wo der Mensch die Pflanzendecke beispielsweise durch Überweidung, Rodungen oder Brandlegungen geschädigt oder nahezu vollständig zerstört hat. Derartige Degradationen sind inzwischen so weit verbreitet, dass sie als geradezu typisches Merkmal mediterraner Subtropen bezeichnet werden können.

Die Tatsache, dass Overland Flows (flächige Abflüsse) große Anteile am Verbleib des Niederschlagswassers haben, bedeutet zugleich, dass auch die **Abflüsse in den Flüssen stark niederschlagsabhängig** werden und damit erheblichen Schwankungen unterliegen. Auch kleine Flüsse können binnen kurzer Zeit zu reißenden Strömen werden und dabei **hohe Geröllfrachten** mit sich führen. Zu den Folgen mögen Dammbrüche, verheerende Überschwemmungen und tiefe erosive Zerschneidungen ebenso gehören wie unkontrollierte Aufschüttungen, beispielsweise in Form von Schotterkegeln oder flacher geschütteten Schwemmfächern am Fuß von Bergländern, auf die dann weiter unterhalb in der Küstenebene, wo die feinere Schwebfracht zur Ablagerung kommt, Schwemmland folgen kann.

Während der sommerlichen Trockenzeiten schrumpfen viele Flüsse wieder zu kleinen Rinnsalen oder versiegen ganz.

Böden

Sieht man von den zahlreichen gesteins- und reliefbedingten Sonderfällen ab (die sich allerdings zu recht hohen Flächenanteilen summieren können), richtet den Blick also stärker auf Flächen mittlerer Hangneigung mit einer über längere Zeit ungestörten Bodenentwicklung, so zeigt sich, dass der **Chromic Luvisol** immer wieder vorkommt. Hierbei handelt es sich um einen meist leuchtend rot bis braunrot gefärbten, lessivierten Boden, der sich in der Regel auf Carbonatgestein entwickelt hat und der ziemlich basenreich und humusarm ist.

Ähnlich auffällig rote und braune Farben zeigen die in vielen Gebieten, wenn auch insgesamt seltener auftretenden **Chromic** und **Rhodic Cambisole**. Ihnen fehlt die für Luvisole charakteristische Tonverlagerung in den Unterboden.

Im europäischen Mittelmeergebiet werden sowohl die Chromic Luvisole als auch die Chromic Cambisole, je nachdem ob sie mehr rötlich oder bräunlich sind, als *Terra rossa* bzw. *Terra fusca* bezeichnet. Viele Böden der Winterfeuchten Subtropen zeigen auffällige Mängel an Phosphor und Stickstoff.

Vegetation und ihre Umsätze

In allen Teilgebieten, mit Ausnahme der beiden nordhemisphärischen Vorkommen, unterscheiden sich die (durchweg überaus artenreichen) Floren der einzelnen Teilgebiete so sehr voneinander, dass sie vier verschiedenen Florenreichen zugerechnet werden: **Viele, auch höherrangige Taxa** (Sippeneinheiten; z. B. Familien), **sind jeweils endemisch**.

Sommerlicher Dürrestress, Nährstoffmangel in den Böden und hohe Feuerfrequenz haben bei vielen Baum- und Straucharten zu konvergenten Anpassungen geführt. Davon ist die **Sklerophyllie** (Hartblättrigkeit) am auffälligsten: Die mehrjährigen Blätter besitzen höhere Anteile von Stützgewebe aus Cellulose und Lignin und sind relativ dick, steif (brechbar) oder ledrig; selbst bei großen Wasserverlusten welken sie nicht.

Die Sklerophyllie verbindet sich häufig mit weiteren Blattmerkmalen, die ebenfalls zur **Kontrolle des Wasserhaushaltes** der Pflanze dienen. Dazu gehören z. B. verdickte Epidermisaußenwände, glänzende Wachsüberzüge, Behaarungen, engständige Aderungen und niedrige Porenareale (bei hohen Dichten aber geringen Weiten der Poren).

Abgesehen von den trockensten und nährstoffärmsten Standorten dominierten früher wohl überall **immergrüne Hartlaubwälder** und – in den beiden nordhemisphärischen Teilgebieten – auch **Kiefernwälder**. Menschliche Eingriffe – im Mittelmeergebiet seit vielen Jahrtausenden, in den meisten anderen Gebieten seit mehreren Jahrhunderten – haben diese Hartlaub- und Nadelwälder weithin zerstört. An ihre Stelle sind überall dort, wo keine Nutzung erfolgte, meist niedrige bis mittelhohe **Hartlaub-Strauchformationen** getreten, die ebenfalls augenfällige Konvergenzen aufweisen.

Anstelle von Sklerophyllie zeigen manche Arten einen **saisonalen Dimorphismus** als Anpassung an den sommerlichen Dürrestress: Hierbei werden die regenzeitlich gebildeten Blätter trockenzeitlich durch eine meist geringere Zahl von kleineren xeromorphen Blättern ersetzt.

Hartlaubbäume und -sträucher gelten zwar – wegen ihrer hohen Deckungsgrade – mit Recht als die charakteristischen Lebensformen der

Winterfeuchten Subtropen, repräsentieren aber keinesfalls die häufigsten Pflanzengruppen. Nach Artenzahl und Abundanz (= Individuenzahlen) überwiegen vielmehr **andere Lebensformen**, darunter besonders zahlreich winterannuelle und perenne (= mehrjährige) Kräuter, von denen viele – insbesondere im Frühjahr – auffällige, farbige Blüten bilden. Auch Sukkulenz ist, insbesondere im chilenischen und kalifornischen Teilgebiet, verbreitet.

In allen Winterregengebieten gehören – natürlich entstandene, heutzutage aber meist von Menschenhand gelegte – Wald- und Buschbrände zu den zonentypischen Erscheinungen. Die **mittlere Wiederkehrzeit für Feuer** liegt zumeist bei nur wenigen Jahrzehnten. Die Brandgefährdung ist deshalb so groß, weil Hitze und Trockenheit jahreszeitlich zusammentreffen, die Sträucher und Bäume gewöhnlich dicht stehen und ätherische Öle und Harze das skleromorphe Laub und das Holz leicht entflammbar machen. Die Busch- und Waldbrände sind daher durchweg verheerender als die oftmals nur flüchtigen Grasfeuer in den wintertrockenen tropischen Savannen: Sie zerstören nicht selten die gesamte oberirdische Pflanzenmasse. Diverse Anpassungen und hohe Regenerationsvermögen verhelfen vielen Pflanzenarten, diese Schädigungen zu überleben. Manche von ihnen benötigen Feuereinwirkungen sogar zu ihrer Vermehrung.

Ein **Vorteil des Abbrennens** liegt darin, dass die in der organischen Substanz (insbesondere auch in der Blattstreu) gebundenen mineralischen Nährstoffe früher freigesetzt werden, als dies sonst der Fall wäre. Entsprechend erreicht der Zuwachs an Phytomasse in den ersten Jahren nach dem Abbrennen Spitzenwerte.

Die Leistungsfähigkeit der mediterranen Vegetation leidet darunter, dass **Feuchte- und Temperaturoptimum zu verschiedenen Jahreszeiten** auftreten, also zur warmen Zeit ein Wassermangel und zur Regenzeit ein (mäßiger) Wärmemangel die pflanzliche Produktion hemmen. Mediterrane Ökosysteme sind daher vergleichsweise produktionsschwach (insbesondere bei Bezug auf die Dauer der Vegetationsperiode). Die höchsten Wachstumsraten werden jeweils im Frühling erreicht.

Vorteilhaft ist andererseits, dass viele Holzpflanzen hartlaubig und immergrün sind. Dies erlaubt ihnen, das Wachstum auch während der Trockenzeit, freilich auf stark reduziertem Niveau, fortzusetzen und ihren Nährstoffbedarf – ähnlich wie bei immergrünen Nadelhölzern (siehe Abb. 16) – niedrig zu halten.

Die Primärproduktion der meisten mediterranen Pflanzenformationen (einschließlich der niederwüchsigen Pflanzenformation) dürfte zwischen 3 und 10 t ha^{-1} a^{-1} liegen.

Landnutzung

Als **vorteilhaft für die wirtschaftliche Nutzung** haben sich die *Lage am Meer* und die *lange Sonnenscheindauer im Sommer* erwiesen. Ersteres ist günstig für den Überseehandel und die Fischerei, beides zusammen förderlich für den seit einigen Jahrzehnten in vielen Gebieten zu einem Massenphänomen gewordenen Tourismus.

Die Gunst des Winterregenklimas für eine größere Zahl von temperaten und subtropischen Nutzpflanzenarten sowie einige saisonale Vorteile – z. B. können mehrere Gemüsearten bereits im Winter und im Frühjahr geerntet und auf den Markt gebracht werden – verschaffen den mediterranen Gebieten gute Exportmöglichkeiten nach den (bei drei der fünf Teilgebiete) unmittelbar polwärts anschließenden, dichtbesiedelten Feuchten Mittelbreiten. Tatsächlich können die Winterfeuchten Subtropen nach ihrer Welthandelsverflechtung als **agrarwirtschaftliche sowie auch als touristische Ergänzungsräume der Feuchten Mittelbreiten** bezeichnet werden.

Der Regenfeldbau beschränkt sich auf das Winterhalbjahr; nur mit künstlicher Bewässerung ist auch im Sommerhalbjahr oder ganzjährig Ackerbau möglich. Beim winterlichen Regenfeldbau werden vorwiegend Nutzpflanzen der temperaten Klimate angebaut, also z. B. Winterweizen, Gerste, Kartoffeln und Feldgemüse (Salat, Zwiebeln, Tomaten, Blumenkohl; außerdem Artischocken, Auberginen, Brokkoli). Im Mittelmeergebiet erfolgt die Aussaat des Wintergetreides im September, die Ernte häufig schon im Mai.

Ausgesprochen weit verbreitet sind **Bewässerungskulturen**. Sie erlauben nicht nur die Nutzung der warmen und strahlungsreichen Sommerzeit, beispielsweise für den Anbau der o. g. Gemüsearten, vielmehr auch den Anbau von wärmebedürftigen und kälteempfindlichen Feldfrüchten wie Reis und Baumwolle.

Außerordentlich zonentypisch sind einige **Sonderkulturen**, wie Rebflächen und Ölbaumhaine sowie Pflanzungen von Feigen-, Mandel- und Obstbäumen (Pfirsiche, Aprikosen, Orangen und Zitronen). Rebkulturen und die Weinproduktion sind heute für alle Winterregengebiete charakteristisch.

Während sich die Ackerbaugebiete auf die Küstentiefländer konzentrieren, ziehen sich die Baumkulturen auch an den Hängen der Berg- und Gebirgsländer aufwärts, ehe schließlich – um das Mittelmeer – Naturweiden folgen. Deren Nutzung erfolgte traditionell in Form einer **Transhumanz**: Im Sommer zogen die Hirten mit ihren Schafen und

Ziegen in die höheren Gebirgsländer, wo um diese Jahreszeit bessere Weidegründe erhalten bleiben.

Literatur

Arroyo, M. T. K., Zedler, P. H. und **Fox, M. D.** (eds.): Ecology and biogeography of mediterranean ecosystems in Chile, California and Australia. *Ecol. Studies* 108. Springer, Berlin 1995

Davis, G. W. und **Richardson, D. M.** (eds.): Mediterranean-type ecosystems: the function of biodiversity. *Ecol. Studies* 109. Springer, Berlin 1995

Moreno, J. M. und **Oechel, W. C.** (eds.): The role of fire in mediterranean-type ecosystems. *Ecol. Studies* 107. Springer, Berlin 1994

– und – (eds.): Global change and mediterranean-type ecosystems. *Ecol. Studies* 117. Springer, Berlin 1995

Rother, K.: Mediterrane Subtropen. Westermann, Braunschweig 1984

8

Immerfeuchte Subtropen

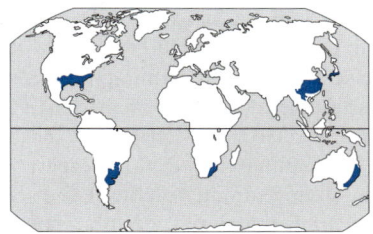

Die Sommer sind warm und die Winter mild, aber nicht frostfrei. Niederschläge fallen zu jeder Jahreszeit, mit Sommermaxima. Ihre Jahressummen nehmen nach Westen, in Richtung Tropisch / subtropische Trockengebiete, ab. Die Vegetationsperiode ist ganzjährig, mit Sonneneinstrahlung von $500-600 \cdot 10^8$ kJ ha^{-1}. Die häufigsten Böden sind rotfarbene, stark saure Acrisole mit ungünstiger Tonmineralbildung. Die ursprüngliche Vegetation besteht küstennah aus Regenwäldern. Landeinwärts dominieren immergrüne Lorbeerwälder oder auch Hochgrasfluren. Die Wälder haben Primärproduktionen von $15-25$ t ha^{-1} a^{-1}. Die meisten Teilgebiete der Immerfeuchten Subtropen sind dicht besiedelt und haben eine fortschrittliche Wirtschaftsentwicklung. Mit Ausnahme des chinesischen Teilgebietes (dort eher kleinbetrieblicher Nassreisbau) erfolgt der Anbau in (jeweils auf eine einzige Marktfrucht, z. B. Sorghum, Erdnüsse, Soja oder Baumwolle) spezialisierten Großbetrieben.

Verbreitung

Die Verbreitung der Immerfeuchten Subtropen ist ähnlich fragmentiert wie diejenige der Winterfeuchten Subtropen: Die einzelnen Vorkommen verteilen sich wie jene auf fünf Kontinente, liegen dort aber mit einer Breitenlage von $25-35°$ etwas äquatornäher und – auffälliger Unterschied – strikt an den Ostseiten der Landmassen. Die Einzelvorkommen addieren sich auf eine Gesamtfläche von 6 Mio. km², d. i. ein Festlandsanteil von 4 %.

Äquatorwärts grenzen die Immerfeuchten Subtropen an die Immerfeuchten oder an die Sommerfeuchten Tropen, **polwärts** an die Feuchten Mittelbreiten. In beiden Richtungen können **thermische Kriterien** zur Abgrenzung dienen. Als Schwellenwert gegenüber den Immerfeuchten und den Sommerfeuchten Tropen gilt die absolute Frostgrenze oder die 18 °C-Isotherme des kältesten Monats, jeweils (wie auch sonst) im Tiefland. Die Grenze zu den Feuchten Mittelbreiten verläuft etwa dort, wo die sommerliche Erwärmung in nurmehr vier (seltener fünf) Monaten Mitteltemperaturen von wenigstens +18 °C erreicht und die Mitteltemperatur des kältesten Monats +5 °C, in einigen (kontinentalen) Gebieten +2 °C unterschreitet. Im Gegensatz zu den Immerfeuchten Tropen besitzen die Immerfeuchten Subtropen eine thermisch bedingte saisonale Periodizität des Pflanzenwachstums, jedoch ist diese schwächer ausgeprägt als in den meisten Gebieten der Feuchten Mittelbreiten.

Nach Westen, also in Richtung der kontinentalen Binnenländer, schließen jeweils – nach einer häufig mehrere 100 km breiten *Übergangszone* – die Tropisch / subtropischen Trockengebiete an. Charakteristisch für diese Übergangszone ist eine kontinuierliche Abnahme sowohl der jährlichen Niederschlagssummen (auf ein das Pflanzenwachstum zunehmend limitierendes Maß) als auch der humiden Zeit-

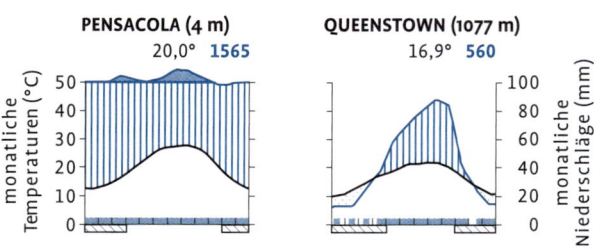

Abb. 20. Klimadiagramme von zwei Stationen aus den Immerfeuchten Subtropen (zum Diagrammschema siehe Abb. 2). Das Diagramm von Pensacola in den südöstlichen USA (31° N und 87° W) zeigt die Verhältnisse der Immerfeuchten Subtropen i.e.S.: Die Niederschläge sind ganzjährig hoch (mit einem Maximum im Sommer); die Lufttemperaturen fallen im Winter deutlich ab (auffälliger Unterschied gegenüber den Immerfeuchten Tropen), bleiben aber mehr oder weniger weit oberhalb von +5 °C (allerdings können während mehrerer Monate Fröste auftreten, gekennzeichnet durch schräg schraffierte Balken unter der X-Achse). Das Diagramm für das südafrikanische Queenstown, das etwa 150 km von der Ostküste entfernt im Landesinneren gelegen ist, steht demgegenüber für die westwärts an die Immerfeuchten Subtropen i.e.S. anschließenden Übergangsgebiete. Die humide Zeitspanne umfasst die Sommermonat; die Wintermonate sind subhumid, erkennbar an der nur knapp unterhalb der Temperaturkurve verlaufenden Niederschlagskurve.

spanne (wie sie sich nach den gängigen Humiditätsindices errechnet), wobei zunächst die Wintermonate und dann auch immer mehr Sommermonate arid werden, bis schließlich Wüstenklimate folgen.

Die Grenze zu den **Tropisch / subtropischen Trockengebieten** wurde in diesem Übergangsbereich recht willkürlich dorthin gelegt, wo die Zahl der humiden Monate unter fünf fällt und Dornsteppen an die Stelle von Gras- und Waldsteppen treten. Dieser Schwellenwert ist insofern vertretbar, als die *subtropischen Sommerregengebiete mit wenigstens fünf humiden Monaten* auch trockenzeitlich nennenswerte Niederschläge erhalten, eine echte Trockenzeit also fehlt, vielmehr lediglich subhumide / semi-aride Perioden mit den humiden abwechseln (in den Klimadiagrammen bleiben die Niederschlagskurven während der regenarmen Monate knapp unter den Temperaturkurven; Abb. 20). Viele trockenangepasste Pflanzenarten vermögen unter diesen Bedingungen ganzjährig zu wachsen, für sie ist das Klima in Maßen immerfeucht.

Klima

Entgegen der sonst für die Tropen / Subtropen geltenden Regel, wonach die Niederschläge vom Äquator bis über die Wendekreise hinaus abnehmen, sodass zunächst Savannengürtel und danach Wüstengürtel auf den äquatorialen Regenwaldgürtel folgen, bleiben die Regenmengen an den Ostseiten der Kontinente ganzjährig hoch. Dort können daher in einer Breitenzone Regenwälder gedeihen, in der sonst nur Savannen, Wüsten oder – an den Westseiten der Kontinente – Hartlaubformationen vorkommen.

Diese **West-Ost-Asymmetrie** hängt mit monsunalen Effekten zusammen. Im Sommer der jeweiligen Halbkugel bauen sich über den Kontinenten Hitzetiefs (Monsuntiefs) auf, die von den östlich gelegenen Ozeanen feuchte Luftmassen landeinwärts ziehen. Konvektive Vorgänge über dem Festland lassen dann kräftige Schauerregen entstehen. Sie begründen das für diese Bereiche typische Sommermaximum der Niederschläge (**sommerfeuchte Ostseiten-Klimate**). Mit zunehmender Entfernung von den Küstengebieten werden die Luftmassen trockener, und die Niederschlagstätigkeit nimmt ab.

Die **winterlichen Niederschläge** treten im Zusammenhang mit Kaltlufteinbrüchen auf, die auf der Nordhalbkugel aus den sich über Zentralasien und dem mittleren Nordamerika aufbauenden Kältehochs stammen. Sie fallen gelegentlich als Schnee, doch bilden sich in der Regel keine anhaltenden Schneedecken.

Beim Einfließen kontinental-arktischer Kaltluft (in den USA als *Northern* bezeichnet) sinken die Temperaturen kurzfristig stärker ab als zur gleichen Zeit auf den Westseiten der Kontinente. In extremen Fällen kann es dabei zu recht tiefen Frosttemperaturen kommen. Die winterliche Einschränkung des Pflanzenwachstums ist daher ausgeprägter als in den Winterfeuchten Subtropen, führt aber gewöhnlich nicht zu einer vollständigen Vegetationsruhe nennenswerter Dauer. Die Monatsmittel der Lufttemperaturen bleiben so gut wie immer über +5 °C.

Die Sommer sind andererseits bei hoher Einstrahlungsenergie heiß, vergleichbar den Immerfeuchten Tropen und den Sommern in den Sommerfeuchten Tropen. Die vegetationszeitliche Globalstrahlung, die mit der jährlichen identisch ist, erreicht Spitzenwerte von $500-600 \cdot 10^8$ kJ ha^{-1}.

Relief und Gewässer

Nach der Morphodynamik bilden die Immerfeuchten Subtropen keine eigenständige Zone; vielmehr nehmen sie entsprechend den hygrothermischen Verhältnissen eher eine Mittelstellung zwischen den Immerfeuchten Tropen und den Feuchten Mittelbreiten ein. Charakteristisch sind tiefgründige chemische Verwitterung und Bodenbildung, die allerdings nicht ganz so fortgeschritten sind, wie in den Immerfeuchten Tropen, wo Ferralsole an die Stelle der hier vorherrschenden Acrisole treten (s. u.).

Für einige Inseln und Küstengebiete ist das gelegentliche Auftreten **verheerender Zyklonen** charakteristisch, so beispielsweise im Bereich des amerikanischen Mittelmeeres und der nordamerikanischen Ostküste (Hurricanes) sowie im südöstlichen Ostasien (Taifune). Für diese Zyklonen sind Stürme mit extrem hohen Windstärken (häufig weit über 150 km h^{-1}) und Starkregen größter Intensität (mehrere 100 mm h^{-1}) charakteristisch. Auch wenn diese Wirbelstürme in den betroffenen Gebieten ziemlich selten auftreten, muss ihnen dennoch eine hohe, teilweise weit landeinwärts reichende, zerstörerische Wirkung durch Bodenabtrag, Überschwemmungen und Sturmschäden an Vegetation, Pflanzungen und Gebäuden zugerechnet werden.

Böden

Vgl. hierzu auch den Abschnitt *Böden* in Kap. 10.

Die für die Immerfeuchten Subtropen charakteristischen zonalen Bodentypen gehören zu den gewöhnlich rotfarbenen **Acrisolen**. Für diese ist – ähnlich wie bei den Luvisolen und Lixisolen – diagnostisch, dass eine Tonverlagerung aus dem Oberboden (Lessivierung) zu einem Tonanreicherungshorizont im Unterboden (argic B-Horizont) geführt hat, allerdings mit dem Unterschied, dass dessen Kationenaustauschkapazität (KAK) und Basensättigung (BS) niedriger als 24 cmol(+) kg^{-1} Ton bzw. 50 % sind. Bei den beiden anderen Böden liegt die BS darüber und bei den Luvisolen auch die KAK. Die niedrige KAK und Basensättigung der Acrisole sind als Folge einer lange anhaltenden (fortgeschrittenen) Bodenentwicklung unter feuchtwarmem Klima auf meist relativ quarzarmen Gesteinen zu verstehen, die die Bildung von sorptionsschwachem Kaolinit gefördert hat. Der Bodenname (von lat. *acer* = sauer) bezieht sich auf die mit der tiefgründigen Verwitterung und Basenauswaschung einhergehende starke Versauerung.

Böden mit höheren Austauschkapazitäten, deren Kationenbeläge hohe Aluminiumanteile und dementsprechend geringe Basensättigungen aufweisen, werden neuerdings als eigene Bodengruppe mit der Bezeichnung **Alisole** (Name von lat. *aluminium*) geführt.

Acrisole sind auch in den feuchten Tropen verbreitet. Sie treten dort insbesondere in bergigen Gebieten auf (z. B. in SE-Asien und SE-Brasilien) und bilden wie die Ferralsole – wenn auch nicht immer so extrem – nährstoffarme Standorte, die eine permanente Ackernutzung nur bei regelmäßiger Düngung zulassen. Dann allerdings und unter Einsatz weiterer Pflegemaßnahmen können sie hohe Ertragsleistungen erbringen. Ansonsten lassen sie sich wie die Ferralsole nur mittels Shifting Cultivation nutzen, allerdings mit kürzeren Brachen als dort, wenn noch nennenswerte Restmineralgehalte vorhanden sind. Gegenüber den Ferralsolen ist auch die **nutzbare Feldkapazität** günstiger, andererseits die größere Erosionsanfälligkeit nachteiliger. Beiden gemeinsam ist die Neigung zur Phosphorfixierung und Aluminiumtoxizität, die eine agrare Nutzung mit einfachen Mitteln unergiebig machen kann.

Vegetation und ihre Umsätze

Die potentielle natürliche Vegetation besteht in den küstennahen Gebieten und an den luvseitigen Berghängen, wo durchweg ganzjährig hohe Niederschläge fallen, aus üppigen Regenwäldern. Weiter landeinwärts (westwärts) folgen im Maße abnehmender Niederschlagsmengen zunächst halbimmergrüne Feuchtwälder oder immergrüne Lorbeerwälder und danach laubabwerfende Monsun- oder Trockenwälder. Anstelle von Wäldern können auch Hochgrasfluren auftreten (wie in der argentinischen Pampa humeda).

Die **subtropischen Regenwälder**, insbesondere die Gebirgsregenwälder, können in ihrem Erscheinungsbild denen der Tropen ähnlich sein. Allerdings sind sie artenärmer als jene. Baumfarne, epiphytische Farne und Lianen sind zahlreich vertreten. Ihre Primärproduktion liegt um $15-25$ t ha^{-1} a^{-1}.

Die **Lorbeerwälder** sind im Unterschied zu den küstennahen Regenwäldern niedriger, artenärmer und haben höchstens zweischichtige Kronendächer. Von den immergrünen Gehölzen sind auffällig viele lauriphyll (lorbeerblättrig), d.h. ihre Blätter sind $\pm$ hartlaubig / xeromorph (allerdings weniger als die skleromorphen Blätter mediterraner Holzpflanzen), relativ groß (Magnolientypus), glänzend und von eiförmiger, ganzrandiger Gestalt. Wechselgrüne (winterkahle) Gehölze kommen ebenfalls vor und gewinnen in westlicher (und polwärtiger) Richtung größere Anteile.

Landnutzung

Die meisten Teilgebiete der Immerfeuchten Subtropen gehören zu den dicht besiedelten und wirtschaftlich hoch entwickelten Räumen der Erde. Entsprechend stark dominiert die **Kulturlandschaft** über die Natur: Siedlungen, Industriekomplexe und eine regelmäßige Fluraufteilung in agrare und forstliche Nutzungsparzellen bestimmen das Bild.

Die besondere Gunst für die agrare Nutzung liegt darin, dass (1) die Winter überwiegend mild sind und (2) während des Sommers tropische Temperaturen herrschen, die den Anbau wärmeliebender Nutzpflanzen erlauben und zugleich ausreichende Niederschläge für einen Regenfeldbau fallen (im Unterschied zu den Winterfeuchten Subtropen, in denen zumeist auch die sommerliche Erwärmung geringer bleibt).

Unter diesen Bedingungen gedeihen auch **mehrjährige wärmelie-**

bende Nutzpflanzen, soweit sie mäßigen Frösten widerstehen, wie z. B. Zitrus und Tee. In extrem kalten Wintern nehmen aber auch diese Dauerkulturen Schaden, was gelegentlich zu erheblichen wirtschaftlichen Einbußen führt. Zu den häufig vertretenen **annuellen wärmeliebenden Kulturpflanzen** gehören Sorghum, Mais, Erdnüsse, Reis, Soja, Sesam, Bataten, Baumwolle und Tabak. Teilweise werden im Winter zusätzlich Fruchtarten mittlerer Breiten angebaut. Damit lassen sich dann zwei, manchmal sogar drei Ernten pro Jahr erzielen.

Überall dort, wo die Landnutzung auf europäische Kolonisation zurückgeht, erfolgt der Anbau (seltener Rinderhaltung) gewöhnlich in modern geführten mittelgroßen Betrieben (*Farmen*), die jeweils nur eine einzige Marktfrucht (bzw. tierisches Produkt) erzeugen, d. h. in Form einer **spezialisierten Ackerwirtschaft** (Farmwirtschaft). Nur im südöstlichen China überwiegt ein traditionsverhafteter, eher kleinbetrieblicher Nassreisbau.

Für die modernen Betriebe ist kennzeichnend, dass mit niedrigem Arbeits- und hohem Maschineneinsatz gewirtschaftet wird und damit hohe Flächen- und Arbeitsproduktivitäten erzielt werden. Die ungünstigen Bodenverhältnisse bilden im Allgemeinen kein Hemmnis für die pflanzenbauliche Nutzung, wenn eine entsprechende Bodenpflege betrieben wird.

Literatur

Box, E. O. et al. (eds.): Vegetation science in forestry. Kluwer Acad. Publ., Dordrecht 1995

Ovington, J. D. (ed.): Temperate broad-leaved evergreen forests. *Ecosystems of the World* 10. Elsevier, Amsterdam 1983

9

Tropisch / subtropische Trockengebiete

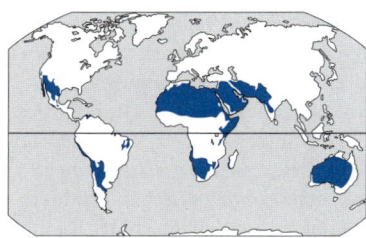

Die Sommer sind extrem heiß und die Winter mild. Wassermangel (nach Menge und Zuverlässigkeit) besteht ganzjährig. In extremster Weise findet er sich in den weiträumigen Kerngebieten, den Wüsten und Halbwüsten. Etwas besser sind die semi-ariden Randgebiete gestellt: Im äquartorwärtigen Übergangsbereich zu den Sommerfeuchten Tropen sind dies Dornsavannen mit sommerlichen Regenzeiten von bis zu fünf Monaten Dauer und mit bis zu 500 mm Niederschlag, in den polwärtigen Übergangsbereichen zu den Immerfeuchten Subtropen und den Winterfeuchten Subtropen aber Dornsteppen bzw. Gras- und Strauchsteppen mit jeweils maximal 300 mm. Die Sonneneinstrahlung liegt ganzjährig bei $600 - 800 \cdot 10^8$ kJ ha^{-1}. Salz- und Temperaturverwitterung sowie äolische Prozesse führen mit residualen Blockdecken in Gebirgen bzw. Dünen, Pilzfelsen, Deflationswannen etc. zu „typischen" Wüstenformen. Häufiger sind aber Formen fluvialer Prozesse, obwohl Flüsse nur episodisch (nach Regenfällen) Wasser führen. Alle Böden sind schwach entwickelt und haben durchweg geringe Humusgehalte. Sehr dünne Besiedlung, außer in Oasen und an Fremdlingsflüssen mit Bewässerungslandbau. Sonst Wanderweidewirtschaft oder Ranching.

Verbreitung und subzonale Differenzierung

Einschließlich der semi-ariden Randgebiete zu den regenreicheren Nachbarräumen beläuft sich die Gesamtfläche auf 31 Mio. km² oder 20,8 % der Festlandsfläche der Erde. Die äußeren Grenzen und die Un-

Tab. 8. Die äußeren Grenzen und Unterteilungen der Tropisch/subtropischen Trockengebiete in Abhängigkeit von den Jahresniederschlägen (zu den Lagebeziehungen vgl. Abb. 24).

	Der Grenze zwischen		entspricht ein Jahresnieder- schlag (mm) von etwa
Äquatorwärts	Wüste	- Halbwüste	125
	Halbwüste	- Dornsavanne	250
	Dornsavanne	- Trockensavanne (*Sommerfeuchte Tropen*)	500
Polwärts	Wüste	- Halbwüste	100
	Halbwüste	- Winterfeuchte Steppe	200
	Winterf. Steppe -	Hartlaub-Strauchfor- mationen (*Winterfeuchte Subtropen*)	300

terteilungen im Inneren folgen in etwa den in der Tab. 8 genannten **Jahresniederschlägen**. In solchen Gebieten, wo unmittelbar die Trockenen
Mittelbreiten anschließen, lässt sich die Grenze dort ziehen, wo (zusätzlich zum Dürrestress) auch die winterliche Abkühlung den Pflanzenwuchs behindert (ab einem Monat mit Temperaturmittel <5 °C).

Klima

Begünstigt durch (zumeist) außerordentlich geringe Wolkenbildung steigt
die jährliche Sonneneinstrahlung mit $700-800 \cdot 10^8$ kJ ha^{-1} höher als in
jeder anderen Ökozone. Allerdings wird ein großer Teil der am Boden auf-
treffenden Sonnenstrahlung unmittelbar reflektiert. In Wüsten sind dies
gewöhnlich zwischen 25 und 30 %. Dementsprechend sind die Energieeinnahmen – gemessen an der hohen Globalstrahlung – relativ gering.

Wenn es tagsüber trotzdem zu einer **außerordentlich starken Erhitzung der Landoberfläche** kommt, so liegt das daran, dass bei dem gege-
benen trockenen Bodensubstrat

- die absorbierte Strahlungsenergie nahezu vollständig in fühlbare
  Wärme umgewandelt wird (kaum latenter Wärmefluss wie sonst bei
  Verdunstung aus feuchten Substraten; Abb. 21) und
- die Wärmeleitfähigkeit und -kapazität der Böden (viele isolierende,
  da luftgefüllte Hohlräume) gering sind, sich die Energieeinnahmen
  daher auf die obersten Zentimeter konzentrieren.

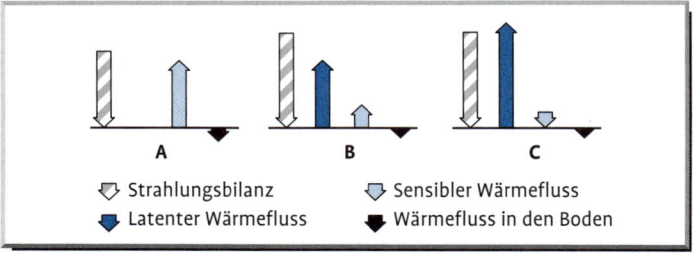

Abb. 21. Strahlungs- und Energiehaushalt in der Wüste (A), in einem humiden Gebiet (B) und in einer Oase (C), jeweils zur Mittagszeit. Die abwärts gerichteten Pfeile stehen für Energieeinnahmen, die aufwärts gerichteten für Energieabgaben. Der Energiehaushalt der Wüste bildet insofern eine Besonderheit, als die Abgabe latenter Wärme im Maße abnehmender Feuchtigkeit gegen Null gehen kann, während in humiden Klimaten und Oasen gerade dieser Energietransfer meist den wichtigsten Abgabeposten stellt. Dementsprechend ist der Anteil der absorbierten Strahlung, der in Wüsten zur Erwärmung führt (Transfer sensibler Wärme), relativ – und bei durchweg deutlich positiver Strahlungsbilanz – auch absolut sehr hoch. Beim Vergleich von Oasen und humiden Gebieten fällt auf, dass die latenten Wärmeabgaben in den ersteren noch höher liegen und sogar die Menge der an Ort und Stelle empfangenen Strahlungsenergie übersteigen können. Dies erklärt sich daraus, dass hier heiße, trockene Luftströmungen aus der Umgebung (sensible) Wärme zuführen (advektive Energiezufuhr) und somit zusätzliche Energie für die Verdunstung und Erwärmung (Pfeil für sensiblen Wärmefluss nach unten gerichtet) verfügbar wird. Dieser Oaseneffekt (der sich ebenso in den schmalen Feuchtezonen von Fremdlingsflüssen bemerkbar macht) bedeutet auch, dass die Wasserverluste von Wasserreservoiren und Bewässerungsprojekten viel größer sein können, als sich allein aus den Strahlungseinnahmen an diesen Orten errechnen.

Mit den hohen Temperaturen an der Bodenoberfläche steigt andererseits auch die Ausstrahlung (*Wärmeabstrahlung*), was zu einer einzigartigen (unerträglichen) Erhitzung der bodennahen Luftschicht führen kann.

Völlig anders stellen sich die Bedingungen über Nacht dar: Da die atmosphärische *Wärmerückstrahlung* infolge geringer Wasserdampfgehalte der Luft außerordentlich klein bleibt, sind auch die Verluste durch *Netto-Ausstrahlung* (effektive Ausstrahlung) sehr hoch. Dies führt nachts zu extrem negativen Strahlungsbilanzen, in deren Gefolge die Temperaturen rasch absinken. Die **täglichen Temperaturamplituden sind daher hoch**.

Erhebliche Unterschiede bestehen hinsichtlich der **Niederschläge**. Während weite Gebiete fast regenlos sind, erhalten andere bis zu 500 mm (so in manchen Dornsavannen). Diese können sich über das Jahr verteilen, mit Spitzen zur Sommer- oder Winterzeit, oder aber in kurzen (geschlossenen) Regenzeiten auftreten (Abb. 22). Generell unterliegen die Niederschläge einem Höchstmaß an **Variabilität**, d.h. an Unzuverlässigkeit und bedingen damit Stress für Pflanzen und Tiere.

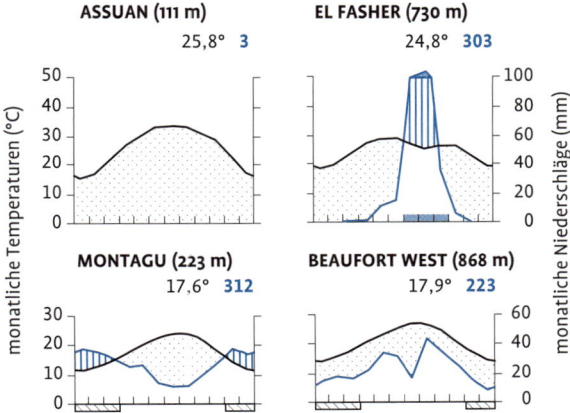

Abb. 22. Klimadiagramme von vier Stationen aus den Tropisch / subtropischen Trockengebieten (zum Diagrammschema siehe Abb. 2). Das Diagramm von Assuan im südlichen
Ägypten steht für ein fast regenloses Wüstenklima mit hochsommerlichen Monatsmittel-
temperaturen von über 30 °C. Äquatorwärts schließen Dornsavannen mit kurzen sommerlichen Regenzeiten innerhalb langer Trockenzeiten an (Diagramm für El Fasher im Sahel).
Andere Gegebenheiten finden sich in den semi-ariden Gebieten auf der äquatorfernen Seite.
Hier folgen entweder sommerfeuchte Dornsteppen (im Übergangsbereich zu den Immerfeuchten Subtropen; Diagramm für Beaufort West in Südafrika) oder winterfeuchte Gras-
und Strauchsteppen (im Übergangsbereich zu den Winterfeuchten Subtropen; Diagramm
für das nördlich von Kapstadt gelegene Montagu): Die ersteren erhalten ihre wenigen
Niederschläge über das Jahr verteilt mit Spitzen im Sommer, die letzteren ganz überwiegend
zur Winterzeit.

Viele Niederschlagsereignisse sind außerdem so unergiebig, dass Pflanzen keinen Nutzen daraus ziehen können. Für die meisten müssen mindestens 10 mm an einem Stück fallen, sonst zehrt die Verdunstung das
Regenwasser auf, bevor es von den Wurzeln aufgenommen werden kann
oder diese überhaupt erreicht.

Relief und Gewässer

Chemische Verwitterungsprozesse sind aufgrund des fast immer und
überall bestehenden Wassermangels wenig bedeutsam. Doch sind ihre
Produkte auf vielen Ebenen und in Talsohlen recht auffällig vertreten, da
sie kaum weggeführt (ausgewaschen) werden und sich, eventuell unterstützt durch aszendierende Bodenwasserbewegungen, in oberflächennahen Bodenschichten anreichern und gegebenenfalls verhärten können.

Neben Anreicherungshorizonten aus leichtlöslichen Salzen entstehen so beispielsweise auch harte **Krusten** aus $CaCO_3$-reichem (Calcrete), Ca-SO_4-reichem (Gypcrete) oder SiO_2-reichem Material (Silcrete).

Mechanische Verwitterungsprozesse wie Salzsprengung und Temperaturverwitterung dominieren auf *geneigten Flächen*, wo die Abtragung das anstehende Gestein immer wieder freilegt. Sie führen zu *feinkörnigem Zerfall* (Abgrusen), *Feinabschuppung, schaligem Abplatzen* oder auch *Blockzerfall* (Kernsprüngen). Dabei entsteht ein **scharfkantiger Schutt** in Sand- bis Blockgröße. Dieser kann auf den Hängen und am Fuß von Bergländern zu gewaltigen residualen **Blockschuttdecken** und **Blockhalden** anwachsen, wenn das abfließende Niederschlagswasser für den Abtransport (durch Spüldenudation und Erosion) nicht ausreicht. In manchen Felswüsten (Hamadas) scheinen die Gebirge darin zu ,ertrinken'.

Trockenheit und Vegetationsarmut begünstigen **äolische Prozesse**. Die hierdurch geschaffenen Formen gehören zu den auffälligsten, wenn auch keinesfalls häufigsten Erscheinungen der Wüsten und Halbwüsten (sind aber andererseits nirgends häufiger als dort). Drei Teilvorgänge sind zu unterscheiden:

- Die **Deflation**, also Ausblasung (Auswehung) von Lockermaterial, steht am Anfang von jeder Windtätigkeit. Dabei entstehen beispielsweise *Wüstenpflaster* oder – in tiefgründig feinkörnigem Substrat – *Deflationswannen* (flache, meist lang gestreckte Hohlformen).
- Der vom Wind transportierte Sand übt eine schleifende Wirkung (vergleichbar einem Sandstrahlgebläse) auf Felsen und Steine aus. Dieser als **Windschliff** bezeichnete Vorgang erzeugt *Hohlkehlen* im Sockelbereich von Felsen und lässt sog. *Pilzfelsen* entstehen. Facettenartig zugeschliffene Einzelsteine an der Bodenoberfläche werden als *Windkanter* bezeichnet.
- Durch **Windablagerung von Sand** entstehen z. B. *Dünen*, die sich in der Regel zu größeren Komplexen zusammenschließen. Diese *Sandwüsten* (Ergs) nehmen mancherorts Flächen von über tausend Quadratkilometern ein, haben aber dennoch selten mehr als ein paar Prozent (und höchstens ein paar Zehnerprozent) Flächenanteil an den Wüsten, in denen sie vorkommen.

Trotz der Seltenheit und höchstens kurzen Andauer von Abflussereignissen sind Umlagerungen durch fließendes Wasser selbst in den trockensten Gebieten meist bedeutsamer als äolische. Reißende Ströme, die nach kräftigen Regenschauern kurzfristig überall auftreten können, bewegen oftmals beträchtliche Erdmassen. Dies zeigt sich auffällig darin, dass die von Blockdecken eingehüllten Bergländer stets auch von *Kerbtälern* tief zerschnitten sind und durch Spüldenudation und Seitenerosion entstandene *Pedimente* ihre Fußzonen umrahmen. Jenseits davon können flach eingetiefte Talsohlen von Vorflutern oder *sedimentäre Becken als Endwannen (Endseen) der Entwässerung* folgen (Abb. 23).

Böden

Der Wassermangel behindert nicht nur den Pflanzenwuchs und das Tierleben, er verzögert auch die Bodenentwicklung. Nach der Weltbodenkarte der FAO-UNESCO (1974–1981) gehören die meisten Böden der extremsten Trockengebiete mit ihren *sehr geringen Humusgehalten* zu den **Yermosolen**, die der semi-ariden Gebiete (Dornsavannen, Dorn- und Strauchsteppen) mit ihren immer noch *geringen Humusgehalten* zu den **Xerosolen.**

In der neueren Bodenklassifikation der WRB-Systematik (2006) sind Xerosole und Yermosole nicht mehr enthalten. Nunmehr werden die vormals in ihnen zusammengefassten Böden, je nach ihren besonderen Eigenschaften auf die Fluvisole, Leptosole, Cambisole, Arenosole, Regosole etc. verteilt oder als Calcisole, Gypsisole und Durisole in den Rang eigenständiger Hauptbodengruppen (Soil Reference Groups) erhoben. Daneben kommen, wie in den Trockenen Mittelbreiten, Solonchake und Solonetze vor und im Grenzbereich zu den Sommerfeuchten Tropen

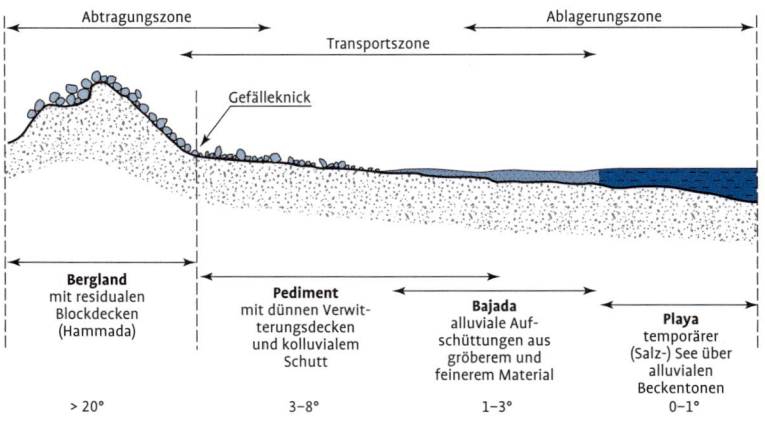

Abb. 23. Typische Reliefsequenz (arid-morphologische Catena) der Trockengebiete (Gradzahlen = ungefähre Hangneigungen).

auch die für jene typischen Vertisole. Dagegen fehlen die für die Steppen der Trockenen Mittelbreiten genannten humusreichen Phaeozeme, Chernozeme und Kastanozeme.

Arenosole (Name von lat. arena = Sand) sind extrem feinkornarme Böden, die sich aus (äolisch oder marin) umgelagerten oder in situ durch Verwitterung aus quarzreichen Gesteinen entstandenen Sanden entwickelt haben. Das Bodenprofil ist kaum differenziert. Auf den schwach humosen (und daher meist hell gefärbten) A-Horizont (Oberboden) kann ein unauffällig ausgebildeter B-Horizont folgen.

Calcisole, **Gypsisole** und **Durisole** sind durch Ausfällungen von Kalk, Gips bzw. sekundärem Quarz in den Unterböden gekennzeichnet. Diese entstehen durch Abwärtsverlagerungen (mit dem Sickerwasser) von entsprechenden Lösungsprodukten aus den Oberböden. Ihre Konsistenz kann pulvrig-locker bis zementiert-hart in Form von Konkretionen (Nodulen) oder Krusten sein.

Vegetation und ihre Umsätze

Ungefähr drei Fünftel der Tropisch / subtropischen Trockengebiete werden von **Wüsten** und **Halbwüsten** eingenommen. Die semi-ariden Randsäume sind danach zu unterscheiden, ob sie Winter- oder Sommerregen erhalten, d. h. in die **Gras-** und **Strauchsteppen** der mediterranen Subtropen einerseits und in die **Dornsteppen** und **Dornsavannen** der Subtropen bzw. Tropen andererseits. Die Ersteren schließen überall dort polwärts an die tropisch / subtropischen Halbwüsten und Wüsten an, wo die Winterfeuchten Subtropen folgen, während die tropischen Dornsavannen äquatorwärts, im Übergangsbereich zu den *echten* Savannen der Sommerfeuchten Tropen, vorkommen. Die Hauptverbreitung der subtropischen Dornsteppen liegt dagegen östlich der subtropischen Wüsten / Halbwüsten, im Übergangsbereich zu den Immerfeuchten Subtropen Von dort gehen sie äquatorwärts nahtlos in Dornsavannen über (Abb. 24).

Eine Abgrenzung der genannten Formationstypen lässt sich nach dem **Deckungsgrad der perennen Vegetation** sowie dem **Vorkommen und der Verteilung verschiedener Lebensformen** vornehmen (Tab. 9).

- Für Wüsten und Halbwüsten gelten *Deckungsgrade des Graswuchses* von etwa 50 % als Obergrenze. Bäume kommen vor, konzentrieren sich aber auf Trockentäler und Fußzonen von Bergländern. Die Verteilung der krautigen Pflanzen und Zwergsträucher kann dagegen ziemlich gleichmäßig (diffus) sein. In diesem Fall spricht man von

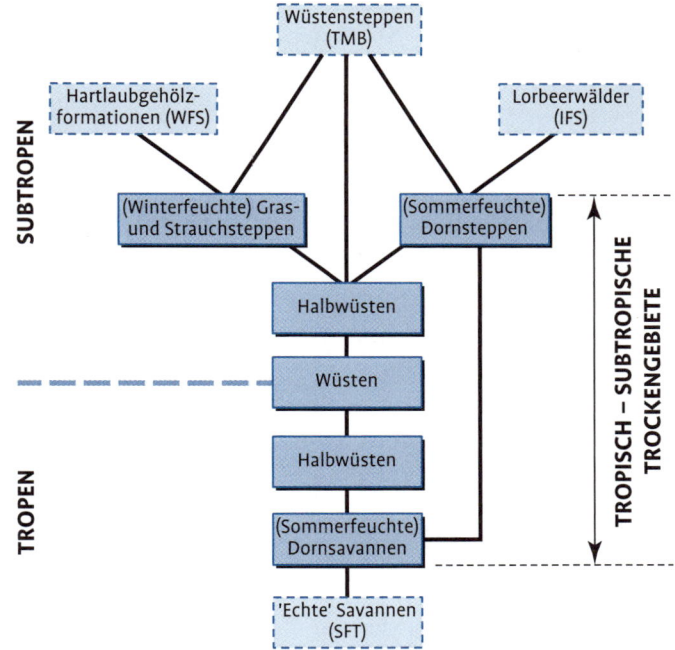

Abb. 24. Übersicht zur Vegetationsgliederung der Tropisch/subtropischen Trockengebiete, einschließlich der zonalen Pflanzenformationen, die in den benachbarten Ökozonen anschließen (TMB = Trockene Mittelbreiten, WFS = Winterfeuchte Subtropen, IFS = Immerfeuchte Subtropen, SFT = Sommerfeuchte Tropen). Die Anordnung entspricht den für die Nordhemisphäre typischen Lagebeziehungen, wie sie sich aus der großklimatischen Differenzierung der Tropen/Subtropen herleiten. Für die Südhemisphäre ist die N-S-Abfolge um 180° zu drehen, nicht aber die W-E-Abfolge der Subtropen. Letztere ist auf beiden Hemisphären gleich ausgerichtet. Zwischen benachbarten Pflanzenformationen (siehe Strichverbindungen zwischen den Kästen) sind gewöhnlich breite Übergangssäume ausgebildet, die eine linienhafte Trennung unmöglich machen.

Halbwüsten. Der Übergang zu *Wüsten* erfolgt dort, wo größere zusammenhängende Flächen ohne Dauervegetation auftreten, d. h. wo sich eine insgesamt *kontrahierte Vegetation* einstellt. In der Regel bedeckt diese weniger als 10 % der Fläche. In extremen Wüsten fehlt jeglicher Pflanzenwuchs (jedenfalls von Höheren Pflanzen).

- Bei Deckungsgraden des Graswuchses von über 50 % (aber nach wie vor lückigem Bestand – im Unterschied zu echten Savannen) folgen die genannten *Steppentypen* bzw. *Dornsavannen*. Für alle von ihnen ist außerdem charakteristisch, dass auch die Bäume (von einem linienförmigen) zu einem clusterhaften (in Senken) und schließlich flächen-

Tab. 9. Unterteilungen der Tropisch/subtropischen Trockengebiete nach Vegetationsmerkmalen (vgl. auch Tab. 8). Zum Vergleich Savannen der Sommerfeuchten Tropen.

Merkmale	Wüste	Halbwüste	Dornsavanne Dornsteppe Strauchsteppe	‚Echte' Savannen der Sommerfeuchten Tropen
Deckungsgrad der Vegetation (in %)	meist <10	10–50	>50, aber lückig	100
Verteilung der Krautschicht (Gräser, Kräuter und Zwergsträucher)	kontrahiert	diffus		geschlossen
Mengenanteile (%) von Chamaephyten an der Krautschicht	meist weit >50			gegen Null
Therophyten	artenreich ⟵		⟶	artenarm
Verteilung von Bäumen	linienhaft (Trockental, Gebirgsfuß)		clusterhaft bis weitabständig	
Wuchshöhe				
- Krautschicht	<50 cm		<80 cm	80 bis >200 cm
- Baumschicht	wenige Meter		5–10 m	10–20 m
Phytomasse der Gräser und Kräuter (pro Grundfläche)	extrem niedrig	sehr niedrig	max. 2–5 t ha^{-1}	meist >5 t ha^{-1}
Wurzel/Spross-Verhältnis	2–5 ⟵		⟶	≈ 1
PP $_{N \text{ oberird.}}$ (Gräser, Kräuter) - pro Millimeter Jahresniederschlag (kg ha^{-1} a^{-1})[a]	0–1	1–3	4	5–7,5
- gesamt (t ha^{-1} a^{-1})[a]	meist <1		1–2,5	>2,5

[a] Regennutzungseffizienz

haften Verteilungsmuster übergehen und dann zu einem das Landschaftsbild überall beherrschenden Element werden können.

Die Ungunst der klimatischen Wachstumsbedingungen drückt nicht nur die Biomasse und Produktion auf niedrige Mittelwerte, sie führt auch zu **erheblichen Fluktuationen bei den Bestandesvorräten und -umsätzen** und verleiht so den ariden Ökosystemen eine kurzfristige Labilität. Die **Fähigkeit von Wüstenpflanzen, auf Feuchteimpulse flexibel zu reagieren**, schafft aber andererseits die Voraussetzung dafür, dass die Primärproduktion unter gelegentlich besonders regenreichen Bedingungen kräftig anspringen kann und dann oberirdische Phytomassen heranwachsen, die ein Mehrfaches trockener Jahre ausmachen. Hieran sind ephemere Pflanzen oftmals mit hohen Anteilen (50 % und mehr) beteiligt.

Aber auch viele perenne Pflanzenarten und die meisten Tierarten können ihre Entwicklungsphasen zu jedem Zeitpunkt im Jahr auf die Verfügbarkeit von Wasser abstimmen. Über dieses elastische Verhalten entsteht eine langzeitliche Stabilität, d. h. Trockengebiete müssen als **elastisch-stabile Ökosysteme** gelten, die auch gegenüber menschlichen Eingriffen nicht empfindlicher als die meisten anderen Natursysteme reagieren, also *ähnlich belastbar* sind.

In den extremsten Wüsten liegt die **jährliche Primärproduktion** zwischen (fast) Null und etwa 0,2 t ha^{-1}. Unter den etwas günstigeren (regenreicheren) Bedingungen einer Halbwüste erreicht sie 2,5 – 3,0 t ha^{-1}. Als Richtgröße für alle Tropisch/subtropische Trockengebiete wird eine oberirdische Jahresproduktion von 4 kg ha^{-1} pro Millimeter Jahresniederschlag genannt.

Landnutzung

Die Tropisch/subtropischen Trockengebiete liegen insgesamt jenseits der **agronomischen Trockengrenze**. Wo dennoch Regenfeldbau betrieben wird, wie beispielsweise in Teilen des afrikanischen Sahel, erfolgt dieser mit besonders **wasseranspruchslosen oder schnellwüchsigen Nutzpflanzenarten** (z. B. Perlhirse und Erdnüsse bzw. einige Bohnenarten); in beiden Fällen mit allerdings unsicheren Ernteaussichten und einem erhöhten Risiko für Bodenzerstörung, insbesondere durch Auswehungen (auf Hängen auch Abspülungen) von organischem Detritus und mineralischen Nährstoffen.

Ökonomisch und ökologisch sinnvoller (und traditionell auch im Vordergrund stehend) ist die *extensive Weidewirtschaft*. Aber auch hier

Tab. 10. Der Flächenbedarf pro Weidetier auf ariden und semi-ariden Naturweiden der Tropen in Abhängigkeit vom Niederschlag.

Jahresniederschlag (mm)	Erforderliche Fläche (ha) pro Großvieheinheit[a]	Zahl der Rinder pro 100 ha
50–100	≥ 50	≤ 2
200–400	15–10	7–10
400–600	12–6	8–17

[a] entspricht 1 Rind oder 5 Schafen / Ziegen

bestehen erhebliche Risiken, da die für eine Nachhaltigkeit (= Erhaltung der natürlichen Nutzungspotentiale) unentbehrliche Abstimmung mit den marginalen Naturgegebenheiten – insbesondere wegen der hohen Regenvariabilität – nur schwer zu erzielen ist und die Rehabilitation (Melioration) gestörter Landflächen möglicherweise mehr Zeit als anderswo erfordert, in manchen Fällen sogar auf Dauer kaum realisierbar erscheint.

Die **Weidewirtschaft** wurde und wird in den Altweltlichen Trockengebieten meist auf *Naturweiden* in der Form der Wanderweidewirtschaft betrieben. In den Trockengebieten Lateinamerikas, Australiens und des südlichen Afrikas tritt mit dem Ranching eine stationäre Weidewirtschaft an die Stelle der Wanderweidewirtschaft.

Die geringe Produktion (Futterverfügbarkeit) der Naturweiden bedingt einen *sehr hohen* **Flächenbedarf pro Weidetier**. Dieser steigt umso höher, je weniger Niederschläge pro Jahr fallen (Tab. 10).

Der **Bewässerungslandbau** ist in den Trockengebieten die einzige Form agrarer Nutzung, die ziemlich sichere (da witterungsunabhängige) und hohe Flächenerträge zahlreicher Feld- und Baumfrüchte garantiert. Probleme können hier in der Bereitstellung von ausreichenden (Süß-)Wassermengen liegen.

Literatur

Evenari, M., Noy-Meir, I. und Goodall, D. W. (eds.): Hot desert and arid shrublands. *Ecosystems of the World* 12A und 12B. Elsevier, Amsterdam 1985 und 1986

Hornetz, B. und Jätzold, R.: Savannen-, Steppen- und Wüstenzonen. Westermann, Braunschweig 2003

10

Sommerfeuchte Tropen

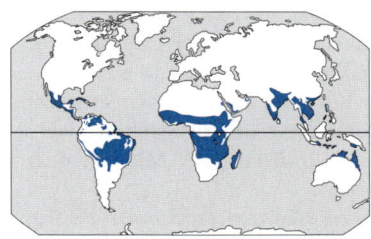

Alle monatlichen Temperaturmittel liegen über 18 °C. Klare Trennung zwischen Trockenzeit und 5–9-monatiger Regenzeit (= Vegetationsperiode). Die dann fallenden Niederschläge liegen in den Trockensavannen (mit 5–7 Regenmonaten) zwischen 500 und 1000 mm a^{-1}, in den Feuchtsavannen (mit 7–9 Regenmonaten) zwischen 1000 und 1500 mm a^{-1}. Die vegetationszeitliche Sonneneinstrahlung beträgt 350–550 · 10^8 kJ ha^{-1}. Verwitterungsprozesse sind chemischer Art und reichen in große Tiefe. Zu den vorherrschenden Landformen gehören Rumpfflächen mit Inselbergen, Rumpfstufen und Flachmuldentälern. Der Abfluss in den Flüssen ist periodisch (hält über mehrere regenzeitliche Monate an). Vorherrschende Böden sind Lixisole und Nitisole, die beide etwas vorteilhafter sind als die meisten anderen Böden der feuchten Tropen und Immerfeuchten Subtropen. Dies gilt ebenfalls, wenn auch aus anderen Gründen, für die schwärzlichen, tonreichen Vertisole, die sich häufig auf abflussbehinderten Standorten gebildet haben. Die Vegetation besteht aus einer geschlossenen Grasdecke ohne oder mit ± dichtem Baumbestand. Die Wuchshöhe von Gräsern und Bäumen ist in Feuchtsavannen höher als in Trockensavannen. Die Primärproduktion liegt zwischen 10 und 20 t ha^{-1} a^{-1}. Bis zur Hälfte kann die Phytomasse dem Tierfraß (meist von Wirbellosen) zum Opfer fallen. Häufige Brände tragen ebenfalls in erheblichem Maße zur Mineralstoffrückfuhr bei. Termiten sind die wichtigsten Aufbereiter von toten Substanzen. Die Bevölkerungsdichte ist vergleichsweise hoch. Sie gründet sich auf das größere natürliche Agrarpotential gegenüber den benachbarten Ökozonen.

Verbreitung und subzonale Differenzierung

Die Sommerfeuchten Tropen erstrecken sich zwischen den äquatorialen Regenwäldern der Immerfeuchten Tropen und den Tropisch / subtropischen Trockengebieten an den Wendekreisen. Die Grenze zu den tropischen Regenwäldern liegt dort, wo im Mittel mehr als neun Monate im Jahr humid sind und während dieser Zeit über 1500 mm Niederschlag fallen. Auf der trockenen Seite enden die Sommerfeuchten Tropen, sobald die Zahl der humiden Monate unter fünf und die Jahresniederschläge unter 500 mm sinken. Dornsavannen fallen also heraus, und als Gesamtfläche errechnen sich rund 25 Mio. km² oder gut 16 % der Festlandsfläche der Erde.

Die verschiedenen Pflanzenformationen der Sommerfeuchten Tropen werden meist unter dem Oberbegriff **Savanne**, gelegentlich mit einem spezifizierenden Zusatz wie z.B. Baumsavanne, Strauchsavanne oder Grassavanne, zusammengefasst. Darauf bezieht sich der Terminus **Savannenzone** (oder Savannengürtel, Savannenklimate) als Synonym für diesen Erdraum.

Gewöhnlich wird die Savannenzone nach den Merkmalen Dauer und *Ergiebigkeit der Regenperioden*, die im Jahresmittel zu erwarten sind, in **Trockensavannen** (-zonen) und **Feuchtsavannen** (-zonen) unterteilt (Abb. 25).

Diese Unterteilung wird durch kongruente Differenzierungen der Vegetation, Böden und Landnutzung unterstützt. So ist beispielsweise der Graswuchs in den Trockensavannen deutlich niedriger als in den

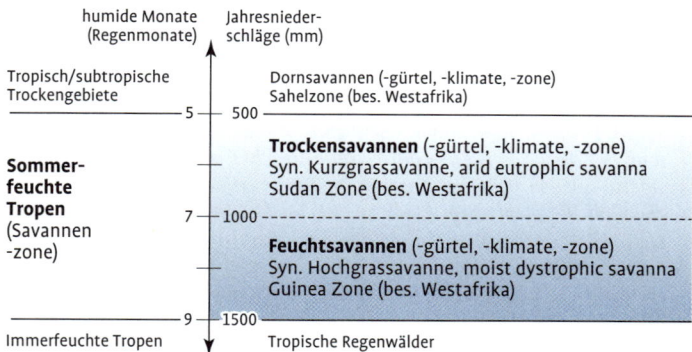

Abb. 25. Subzonale Differenzierung der Sommerfeuchten Tropen.

Feuchtsavannen; entsprechend können dafür die Bezeichnungen *Kurz-gras-* bzw. *Hochgrassavannen* verwendet werden. Bei dichterem Baumbestand sind die entsprechenden Begriffe Trocken- und Feuchtwälder.

Hinsichtlich der Merkmale Bodenfruchtbarkeit und – daran gekoppelt – Landnutzung drückt sich die Differenzierung darin aus, dass die Böden der *Trockensavannen* gewöhnlich höhere Austauschkapazitäten und Basensättigungen aufweisen und humusreicher sind, die Einflüsse von Ausgangsgestein und Relief sich noch deutlicher erhalten haben (eigene Bodensequenzen für verschiedene Gesteine) und eine Tendenz zum permanenten Feldbau besteht. Die Produktionsleistungen von Kulturland und Vegetation werden jeweils – ähnlich wie in Trockengebieten – durch das knappe Wasserangebot begrenzt.

Die meisten Böden der *Feuchtsavannen* sind hingegen infolge (häufig mehrere Dekameter) tief reichender Verwitterung des anstehenden Gesteins, höherer Zersetzungsraten der organischen Abfälle und fortgeschrittener Auslaugung ärmer an Nährstoffen und Humus (trotz größerer Primärproduktion der üppigeren Vegetation) und beim Feldbau besteht eine Tendenz zur Einschaltung von Bracheperioden oder sogar zum Wanderfeldbau. Nicht mehr das Wasser-, sondern das knappe Nährstoffangebot ist vorrangig limitierend für die agraren Ertragsleistungen.

Die im englischsprachigen Raum verbreiteten Termini für die beiden Savannentypen, **Arid Eutrophic Savannas** bzw. **Moist Dystrophic Savannas** beziehen sich auf diese Unterschiede in der Bodenfruchtbarkeit.

Klima

Aus der ganzjährig positiven Strahlungsbilanz und dem mäßig kühlenden Effekt während der sommerlichen Regenzeit resultiert ein ziemlich ausgeglichener **Temperaturgang** mit jahreszeitlichen Abweichungen der Monatsmittel, die zumeist geringer sind als die tageszeitlichen. Alle Monatsmittel liegen über +18 °C; die höchsten Werte werden unmittelbar vor Beginn der Regenzeit erreicht. Am niedrigsten liegen die Monatswerte und auch die Tagesminima – nur wenige Monate früher – um die Mitte der Trockenzeit.

Die winterliche Trockenzeit dauert mindestens drei und höchstens sieben Monate. In den Regenmonaten fallen im Jahresmittel zwischen 500 und 1500 mm (Abb. 26).

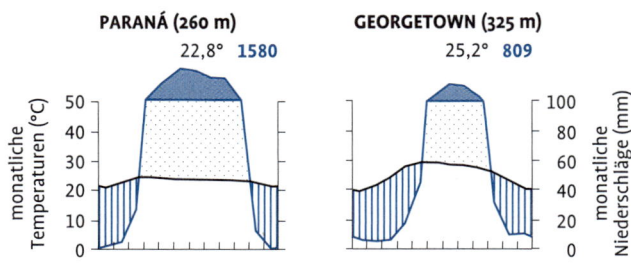

Abb. 26. Klimadiagramme von zwei Stationen aus den Sommerfeuchten Tropen (zum Diagrammschema siehe Abb. 2). Das Diagramm von Paraná (unweit von Brasília) steht für die
Feuchtsavanne, das für Georgetown im nordöstlichen Australien für eine Trockensavanne.

Die Regenzeit ist für die meisten Pflanzen identisch mit der Vegetationsperiode. Die dann verfügbare Sonneneinstrahlung liegt bei
$350 - 550 \cdot 10^8$ kJ ha^{-1}.

Relief und Gewässer

Flächenbildungen durch **Spüldenudation** und intensive chemische Verwitterungsprozesse an der Untergrenze des Regoliths haben weiträumig
Rumpfflächen entstehen lassen (*doppelte Einebnung*), die sich gleitend
über Gesteinsunterschiede und geologische Strukturen des Anstehenden hinwegsetzen. Die Spüldenudation ist in den wechselfeuchten Tropen deshalb so wirksam, weil dort (auch nach absoluten Mengen) erhebliche Anteile des Regenwassers nicht in den Boden einsickern,
sondern – selbst bei flachen Hangneigungen – oberflächlich als **Starkre-
genfluten** (*overland flows*) abfließen.

Manche Rumpfflächen werden von markanten Einzelbergen oder
mehrgipfeligen Berggruppen überragt, die sich abrupt (mit deutlichem
Gefälleknick) und steil aus dem Umland erheben. Sie werden als Insel-
berge bzw. Inselgebirge bezeichnet und können ihre Entstehung z.B.
härteren Gesteinspartien (*Härtling*), einer früheren Wasserscheidenlage
(*Fernling*) oder relativ zur Umgebung „aufwachsenden" Grundhöckern
verdanken, die im Zuge der Tiefenverwitterung am Grunde des Regoliths aus dem anstehenden Gestein entstanden.

Der **Abfluss** in den Flüssen ist gewöhnlich periodisch, d.h. er hält
über die ganze Regenzeit an und hört nur trockenzeitlich auf. Auf den
Rumpfflächen erfolgt er in unmerklich eingetieften *Flachmuldentälern*.

Böden

Mit dem Wechsel von den Tropisch / subtropischen Trockengebieten zu den Sommerfeuchten Tropen verbinden sich grundlegende Änderungen bei der Bodenbildung: An die Stelle von (aszendenten) Anreicherungsprozessen (durch aufsteigendes Verdunstungswasser) treten, wie auch auf den äquatorfernen Seiten der Trockengebiete, erneut (deszendente) **Auswaschungsprozesse** (durch Sickerwasser). Das heißt, freie Carbonate und Salze fehlen, die meisten Böden sind an austauschbaren Nährionen verarmt und reagieren entsprechend sauer, Tonverlagerungen vom Oberboden in den Unterboden sind verbreitet.

Unter den feuchttropischen Bedingungen und damit intensiven chemischen Verwitterungsprozessen kommt es außerdem zu einer **Desilifizierung** (Verarmung an Silicium) und einer **Ferrallitisierung** (Ferralisation). Dazu gehört die Bildung von sorptionsschwachen Kaoliniten, die Anreicherung von Sesquioxiden (Eisen- und Aluminiumoxide, -hydroxide) und eine Rubefizierung (= Rotfärbung durch Hämatit, anstelle des in den mittleren und höheren Breiten vorherrschenden braunen Goethits). Verwitterbare Silikate sind kaum oder überhaupt nicht mehr vorhanden. Die Nachlieferung von mineralischen Nährstoffen erfolgt fast vollständig

Tab. 11. Einige Bodentypen der Sommer- und Immerfeuchten Tropen und Subtropen im Vergleich.

	KAK (cmol(+) kg^{-1} Ton)	Basen-sättigung (%)	Tonverlagerung (B-Horizont)	Besonderheiten
Lixisole	< 24	≥ 50	ja (argic Hor.)	instabiles Bodengefüge
Acrisole	< 24	< 50	ja (argic Hor.)	instabiles Bodengefüge
Alisole	≥ 24	< 50	ja (argic Hor.)	hohe Al-Anteile an Austauschern
Nitisole	< 24	± 50	teilw. (nitic Hor.)	günstiges Bodengefüge
Ferralsole	≤ 16	< 50	nein (ferralic Hor.)	Pseudosand, -schluff
Plinthosole	< 16	< 50	nein (plinthic Hor.)	B-Horizont besonders eisenreich, Gefahr der Lateritbildung

durch Zersetzung pflanzlicher Abfälle und atmosphärische Einträge. Dabei erfolgt die Zersetzung – falls nicht durch Feuer – im ersten Schritt insbesondere durch Termiten und ist zumindest bei krautigem Material innerhalb eines Jahres abgeschlossen. Die Gehalte der Böden an toter organischer Substanz sind durchweg niedrig. Dies sowie die ungünstigen mineralischen Eigenschaften drücken die Bodenfruchtbarkeit auf ein niedriges Niveau. Die Inkulturnahme kann zusätzlich unter *Phosphorfixierung* und *Aluminiumtoxizität* leiden.

Von den in Tab. 11 aufgeführten tropischen Bodeneinheiten treten in den Sommerfeuchten Tropen insbesondere **Lixisole** und **Nitisole** auf. Beide haben (bei ähnlichen Kationenaustauschkapazitäten) höhere Basensättigungen und damit höhere Gehalte an austauschbaren Nährionen als die zuvor (für die Immerfeuchten Subtropen) genannten Acrisole und Alisole sowie die nachfolgend für die Immerfeuchten Tropen beschriebenen Ferralsole und Plinthosole.

Für die Sommerfeuchten Tropen sind außerdem **Vertisole** charakteristisch. Das sind Tonböden von meist schwärzlicher Farbe, die trockenzeitlich verhärten und dabei von breiten und tief reichenden Schrumpfrissen in Polyder zerlegt werden. Regenzeitlich nehmen sie im Zuge von starken Quellungen eine zähplastische Konsistenz an. Sie finden sich insbesondere auf abflussbehinderten Flächen. Ihre Verbreitung reicht bis in die Dornsavannen der Tropisch / subtropischen Trockengebiete hinein.

Vegetation und ihre Umsätze

Für alle Savannen gilt als gemeinsames Merkmal, dass die **Grasdecke geschlossen** ist. Dagegen wechseln die Deckungsgrade der Bäume in weiten Grenzen (vom gehölzfreien Grasland bis zum lichten Kronenschluss), was in den meisten Fällen auf Brandlegungen, Beweidung, Holznutzung u. a. zurückzuführen ist, also in keiner eindeutigen Beziehung zu abiotischen Standortfaktoren steht. Als vage Regel kann allenfalls gelten, dass **Dichte und Höhe von Baumbeständen** in trockeneren Gebieten mit nährstoffreicheren Böden (*arid eutrophic savannas*) durchschnittlich geringer sind als in feuchteren und nährstoffärmeren (*moist dystrophic savannas*).

Einen deutlicheren Klimabezug zeigt hingegen die **Höhe des Graswuchses**. Mit >1 m, teilweise >2 m ist sie in den Feuchtsavannen deutlich größer als in den Trocken- oder gar Dornsavannen, wo die Grashöhe gewöhnlich unter 80 cm liegt (damit aber immer noch höher als in den meisten Steppen bleibt).

Die **Trockenzeit** bildet den wichtigsten limitierenden Faktor für den Pflanzenwuchs. Viele *Bäume* reagieren auf den Dürrestress mit Blattabwurf, die *perennen Gräser und Kräuter* mit Absterben ihrer oberirdischen Sprossteile. Damit stellt sich ein **Aspektwechsel** ein, der in seinem Ausmaß dem vergleichbar ist, wie er winterzeitlich für die Feuchten Mittelbreiten charakteristisch ist. Und in beiden Fällen ist er – trocken- bzw. winterzeitlich – mit einer Absenkung der pflanzlichen Photosyntheseleistung auf den Nullpunkt oder ein zumindest extrem niedriges Niveau verbunden.

Für alle Savannen ist typisch, dass im Verlauf von mehreren Jahren wohl kaum eine Stelle von **Bränden** verschont bleibt. Die meisten dieser Feuer werden von Menschen entfacht und treten während der Trockenzeit auf. In den unmittelbar betroffenen Savannengebieten stellen sie wichtige Selektionsfaktoren für die Flora und Fauna, bestimmen weithin die Vegetationsstrukturen (beispielsweise Deckungsgrade der Bäume), beeinflussen den Wärme- und Wasserhaushalt von Boden, Pflanzendecke und bodennaher Luftschicht und verändern die stofflichen und energetischen Vorräte und Umsätze im System (beispielsweise Größe von oberirdischer Phytomasse und Streu, Umsätze durch Tierfraß, Recycling von Mineralstoffen).

Die **Primärproduktion** (PP_N) hält sich zwischen 10 und 20 t ha^{-1} a^{-1}. In den Trockensavannen steigt sie mit den Niederschlägen und der Bodenfruchtbarkeit; in den Feuchtsavannen aber nur, wenn sich gleichzeitig die Bodenfruchtbarkeit verbessert, da hier der Wasserfaktor seine produktionslimitierende Rolle gegenüber dem Bodenfaktor mehr und mehr einbüßt und immer höhere Anteile der Regenüberschüsse ungenutzt abfließen. Doch gerade die Bodeneigenschaften sind in den Feuchtsavannen vergleichsweise schlecht, und demzufolge liegt auch deren Primärproduktion häufig nur in Höhe derjenigen von Trockensavannen.

Im Unterschied zu vielen anderen terrestrischen Ökosystemen, in denen die Herbivorie nur 5 – 10 % der PP_N oder weniger erfasst, werden in manchen Savannen (und anderen grasreichen Formationen) in einzelnen Jahren mehr als die Hälfte der oberirdischen Produktion und bis zu einem Viertel der unterirdischen Produktion von Tieren gefressen. Daran haben Wirbellose (insbesondere Heuschrecken und Schmetterlingsraupen) in der Regel größere Anteile als Wirbeltiere. An der Aufbereitung von toter Substanz sind Termiten wesentlich beteiligt.

Landnutzung

Die Sommerfeuchten Tropen sind die am dichtesten besiedelten und agrarisch genutzten Räume der Tropen (abgesehen von SE-Asien, wo auch einige der vormals regenwaldbedeckten und damit zu den Immerfeuchten Tropen gehörenden Gebiete hohe Bevölkerungsdichten aufweisen). Gegenüber den äquatorwärts folgenden Immerfeuchten Tropen liegt ihre **Überlegenheit** darin, dass

- die Bodenfruchtbarkeit in der Regel (etwas) weniger ungünstig ist,
- die in jedem Jahr wiederkehrende, mindestens 3-monatige Trockenphase das Roden durch Feuer erleichtert, sofern überhaupt ein dichterer Baumbestand vorhanden ist,
- die überall geschlossene Grasdecke die Viehhaltung begünstigt,
- die Sonneneinstrahlung zum Ende der Regenzeit höhere Intensitäten erreicht, wovon beispielsweise Mais, Zuckerrohr und Baumwolle profitieren; für sie ist ein wechselfeuchtes Klima günstiger als ein immerfeuchtes.

Länge und Ergiebigkeit der Regenzeit reichen überall in den Sommerfeuchten Tropen für einen **Regenfeldbau** zahlreicher Nutzpflanzenarten, so z. B. für Mais, Sorghum, mehrere kleinkörnige Hirsearten, Baumwolle, Erdnüsse, Reis, diverse Bohnenarten und Süßkartoffeln (Bataten). Die Tatsache, dass in jedem Jahr saisonale Trockenzeiten von mindestens 3-monatiger Dauer auftreten, bedeutet andererseits, dass nur *annuelle* Arten angebaut werden können, soweit nicht ergänzend bewässert wird (wie durchweg beim Zuckerrohr) oder relativ trockenresistente Arten verwendet werden (z. B. Cassava [Maniok] und Sisal). Dauerkulturen von feuchteanspruchsvolleren Nutzpflanzen, z. B. Kaffee und Tee, gedeihen nur in Höhengebieten, die von orographisch bedingten Steigungsregen oder Nebelbildungen während der Trockenzeiten profitieren.

Der Ackerbau wird weithin noch heute in der traditionellen Form einer **Landwechselwirtschaft** (Shifting Cultivation i. w. S.) betrieben. Hierbei werden die Felder nach mehrjähriger Nutzung für eine mehr oder weniger lange Zeit aufgelassen (*Naturbrache-Systeme*) oder in einer ± geregelten Weise als Viehweide genutzt (*Wechselweidewirtschaft*), damit sich die Bodenfruchtbarkeit regenerieren kann.

Im Zuge der raschen Bevölkerungsvermehrung und damit Landverknappung ist die flächenextensive Landwechselwirtschaft vielerorts durch **permanente Feldbausysteme** abgelöst worden. Möglich wurde dies durch vermehrten Einsatz von Mineraldünger.

In auffälligem Gegensatz hierzu hat die traditionelle Landwirtschaft von SE-Asien mit dem **Bewässerungsreisbau** ein außerordentlich **flächenintensives Nutzungssystem** entwickelt. Die Dominanz dieses Systems reicht weit über die Sommerfeuchten Tropen hinaus und zwar sowohl in die Immerfeuchten Tropen als auch in die Immerfeuchten Subtropen hinein.

Innerhalb der traditionell durch Regen- oder Bewässerungsfeldbau genutzten Savannengebiete sind vielerorts – meist inselhaft oder entlang moderner Verkehrswege – kommerzialisierte Betriebe entstanden, die sich als *spezialisierte Acker- oder Dauerkulturwirtschaften* dem relativ großflächigen Anbau jeweils einer einzelnen (oder von wenigen) Nutzpflanze(n) (z.B. Mais, Sorghum, Tabak, Erdnüsse, Baumwolle, Weizen, Kaffee, Tee, Sisal) oder einer ± *intensiven Mast- oder Milchrinderwirtschaft* (**Spezialisierte Farmwirtschaft**) widmen. In solchen Savannengebieten, in denen große unbesiedelte Räume verfügbar waren, wie z.B. in Nordaustralien, mehreren lateinamerikanischen Ländern (Brasilien, Paraguay, Venezuela, Kolumbien, Mexiko) und Afrika (Kenia, Angola) konnten sich extensive Weidesysteme in Form des **Ranching** mit Rindern etablieren.

Literatur

Abbadie, L. et al. (eds.): Lamto; structure, functioning and dynamics of a savana ecosystem. *Ecol. Studies* 179. Springer, Berlin 2006

Bourlière, F. (ed.): Tropical savannas. *Ecosystems of the World* 13. Elsevier, Amsterdam 1983

Solbrig, O. T., Medina, E. und **Silva, J. F.** (eds.): Biodiversity and savanna ecosystem processes; a global perspective. *Ecol. Studies* 121. Springer, Berlin 1996

11

Immerfeuchte Tropen

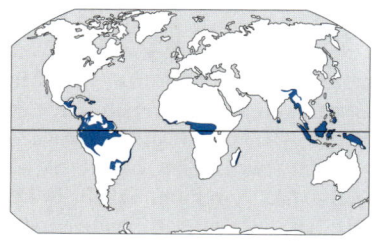

Thermisch oder hygrisch bedingte Jahreszeiten fehlen: Die mittleren Temperaturen liegen ständig um 25–27 °C (Tagesamplituden max. 6–11 °C), und die Niederschläge mit 1500 bis 3000 mm a^{-1} fallen über das Jahr verteilt (anhaltend regenlose Zeiten können maximal bis zu 3 Monaten auftreten); Somit ist auch die Vegetationsperiode ganzjährig mit gleich bleibendem Tagbogen (um 12 Stunden) und einer Sonneneinstrahlung von 500–650 · 10^8 kJ ha^{-1}. Die Morphodynamik wird bestimmt durch intensive chemische Verwitterungsprozesse, Lösungsabtrag (wodurch z. B. Kegelkarst entsteht), Rutschungen an Hängen und ein dichtes Fließgewässernetz. Vorherrschende Böden sind Ferralsole und Plinthosole; in manchen Gegenden auch Acrisole. Die natürliche Vegetation besteht aus geschlossenen immergrünen Laubwäldern (Regenwäldern) von meist beträchtlicher Wuchshöhe und Üppigkeit. Deren Phytomasse liegt bei 300–650 t ha^{-1}, die Primärproduktion zwischen 20 und 30 t ha^{-1} a^{-1}. Die Zersetzung der reichlich anfallenden organischen Abfälle erfolgt rasch; entsprechend dünn ist die Streuschicht, und die Humusgehalte im Boden bleiben gering. Das natürliche Agrarpotential ist wegen ungünstiger Bodeneigenschaften (Phosphorfixierung, Aluminiumtoxizität u.a.) niedrig. Die traditionelle Nutzung ist weithin ein Brandrodungs-Wanderfeldbau. Die moderne Nutzung erfolgt in Form marktorientierter Dauerkulturen von Ölpalmen, Kautschuk, Kakao u. a. oder einer extensiven Weidewirtschaft.

Verbreitung

Die Verbreitung ist äquatorial (überwiegend zwischen 10° N und 10° S), reicht aber dort, wo winterliche Passatregen oder monsunale Niederschläge (beide häufig orographisch unterstützt) in Ergänzung zu den sommerlichen Zenitalregen fallen, weiter polwärts, im Extrem sogar über 20° N und 20° S hinaus. Die Gesamtfläche aller Vorkommen beträgt 12,5 Mio. km^2, d. i. ein Festlandsanteil von 8,4 %.

Die Grenze zu den Nachbarzonen ist entweder thermisch (zu den Immerfeuchten Subtropen) oder hygrisch (zu den Sommerfeuchten Tropen) begründet: Sie folgt hier in etwa der 18 °C-Isotherme des kältesten Monats bzw. der Isohygromene mit nurmehr 9-monatiger Andauer humider Bedingungen.

Die im wechselfeuchten Bereich anschließende Feuchtsavannenzone teilt sich mit den Immerfeuchten Tropen einige gemeinsame Merkmale, so bei den Böden, der Reliefbildung, der Vegetation und der Landnutzung. Darauf gründet sich die geläufige Zusammenfassung von Regenwald- und Feuchtsavannenklimaten zur räumlichen Einheit der **Feuchten Tropen.**

Klima

Auffällige Jahreszeiten fehlen. Der Jahresgang aller wichtigen Klimaparameter ist einzigartig gleichförmig (Abb. 27):

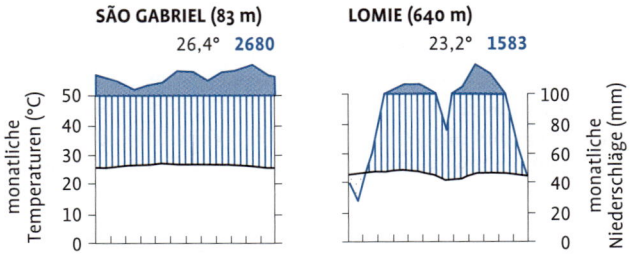

Abb. 27. Klimadiagramme von zwei Stationen aus den Immerfeuchten Tropen (zum Diagrammschema siehe Abb. 2). Das Diagramm von São Gabriel (brasil. Amazonien) steht für das klassische tropische Regenwaldklima mit ganzjährig ausgeglichenen Temperaturen (zwischen 26 und 27 °C) und gleichbleibend hohen Niederschlägen (mit zwei schwach ausgebildeten Spitzen). Im Diagramm von Lomie in Kamerun) stimmt der Temperaturverlauf damit überein (allerdings liegt er wegen der größeren Höhenlage etwas tiefer); doch variieren die monatlichen Niederschläge deutlich: Einer ausgesprochen zweigipfeligen langen Regenzeit steht eine ein- bis zweimonatige Trockenzeit gegenüber.

- Der mittlere Temperaturverlauf innerhalb eines Jahres hält sich im oder nahe dem engen Bereich von 25 – 27 °C (die Tagesamplituden schwanken mit maximal 6 – 11 °C erheblich stärker).
- Die Tagbögen liegen ständig um zwölf Stunden; die Strahlungsbilanz bleibt über das ganze Jahr stark positiv (= thermisches und solares Jahreszeitenklima)
- Die Niederschläge verteilen sich über das Jahr (ab drei regenlosen / armen Monaten Übergang zu Feuchtsavannen); Jahressummen zumeist bei 1500 – 3000 mm, mit Regenspitzen zu den zweimaligen Zenitständen der Sonne; Gewitterschauer mit Intensitäten von über 25 mm / h sind häufig.

Die jährliche (= vegetationszeitliche) Sonneinstrahlung beträgt $500 – 650 \cdot 10^8$ kJ ha^{-1} a^{-1}. Daran hat die **diffuse Himmelstrahlung** mit 40 % höhere Anteile als in jeder anderen Ökozone. Das erklärt sich aus den generell hohen Bewölkungsgraden (im Jahresmittel meist >60 %) und Wasserdampfgehalten der Luft. Mehr als die Hälfte der Strahlungseinnahmen dient der **Verdunstung**, wird also als Verdunstungswärme (latente Wärme) transferiert. Pro Jahr verdunsten (evapotranspirieren) über 1000 mm Wasser. Das ist ebenfalls ein sonst unerreichter Spitzenwert.

Relief und Gewässer

Unter den Bedingungen ganzjährig hoher Bodendurchfeuchtung, durchweg hoher Temperaturen (die im Boden – aufgrund der beim Humusabbau freigesetzten Wärme – noch um einige Grade über der mittleren Lufttemperatur liegen können) und einer hohen Bodenacidität erreichen **chemische Verwitterungsprozesse** (vornehmlich Hydrolyse) höchste Intensitäten.

Da andererseits physikalische Arten der Verwitterung völlig unbedeutend sind und Gesteinszerfall allenfalls als Folge von Druckentlastung auftritt, kann die chemische Verwitterung nicht, wie in den wechselfeuchten Tropen und (erst recht) Außertropen, an mechanisch bereits aufbereitetem Material ansetzen. Damit hängt zusammen, dass **bloßer Fels**, insbesondere dort, wo eine Klüftung fehlt und er steilwandig aufragt, so gut wie nicht zersetzt wird.

Die intensive chemische Verwitterung hat – insbesondere wo sie über lange Zeiträume wirken konnte, wie auf alten Landoberflächen – **tiefgründige Regolithe** entstehen lassen, unter denen viele Meter **mächtige**

Gesteinszersatzzonen (Saprolithe) folgen. In den Regolithen sind so gut wie keine Restminerale des Ausgangsgesteins erhalten und als relativ stabile Sekundärprodukte dominieren Kaolinit, Gibbsit, Hämatit und Goethit. Die **Lösungsfracht** ist daher in den meisten Flüssen außerordentlich niedrig.

Andererseits ist der **Lösungsabtrag** dort, wo leicht lösliches Gestein (z. B. Kalkstein) ansteht so stark, dass es zu Karstentwicklungen kommt. Zu den dabei entstehenden Landformen gehört, als auffälligste Erscheinung, der bis über 100 m aufragende **Kegel- oder Turmkarst.** Dieser tritt weltweit nur unter tropischen Temperaturbedingungen bei mindestens neun humiden Monaten im Jahr auf und gilt daher als charakteristischer Formentyp der Immerfeuchten Tropen.

Für junge Faltengebirge und Vulkanaufbauten sind linienhafte Zerschneidungen durch fließendes Wasser in *Kerbtäler* und Reduktion der Talscheiden zu *schmalen Kämmen* charakteristisch. Rumpfflächen finden sich im Bereich des (geologisch alten) Gondwana-Residualreliefs.

Flächenspülung (*Spüldenudation*) fehlt unter natürlichen Bedingungen: Das dicht gestaffelte Blätterdach des Regenwaldes fängt den Regen zunächst ab und lässt erst mit Verzögerung einen Teil (manchmal nur 5–50 %) des Wassers, meist in Form von Tropfwasser, durch. Davon sickern 98–99 % an der Stelle ihres Auftreffens in den Boden ein und fließen – sofern nicht von den Wurzeln der Pflanzen aufgenommen – den Flüssen als Grundwasser zu.

Bedeutsam sind hingegen die *schwerkraftbedingten Massenbewegungen durch* **Rutschungen** (Erdrutsche, Bergrutsche) und durch **Erdfließen** (z. B. Schlammlawinen). Auch wenn beide denudativen Vorgänge nur in größeren und unregelmäßigen Zeitabständen auftreten, so sind sie dennoch die wichtigsten Arten der Hangabtragung in tropischen Regenwaldgebieten. Im Laufe größerer Zeiträume erfassen sie vermutlich so gut wie alle Hänge und wiederholen sich am selben Ort, wenn erneut mächtige Regolithdecken entstanden sind.

Böden

Die für die Immerfeuchten Tropen besonders charakteristischen Bodentypen gehören zu den **Ferralsolen.** An zweiter Stelle folgen **Acrisole** (vgl. Kap. 8 Immerfeuchte Subtropen), mit Verbreitungsschwerpunkten auf weniger alten, stärker reliefierten Landoberflächen in Südostasien und einigen Teilräumen des immerfeucht-tropischen Lateinamerikas.

Sie ähneln den Ferralsolen in vieler Hinsicht, gelten aber als weniger weit fortgeschrittene Bodenentwicklungen. Beiden ist die **Ferrallitisierung** als bodenbildender Prozess gemeinsam (vgl. hierzu auch Tab. 11 in Kap. 10).

Ferralsole sind typisch für alte Landoberflächen (wie z. B. die Kontinentalschilde von Zentralafrika und Südamerika). Sie haben sich dort während sehr langer Zeiträume (die wohl zumeist bis weit ins Tertiär zurückreichen) aus verschiedenen Gesteinen bei anhaltend feuchtwarmen Bedingungen unter Wald (Feuchttropen) tiefgründig entwickelt. Ihre Farbe ist hellgelb bis tiefrot, die Textur sandig-lehmig (wegen *Pseudosandstrukturen*) oder feinkörniger, das Wasserhaltevermögen (per Volumeneinheit) gering. Die für Acrisole charakteristische Tonverlagerung fehlt. Verwitterbare Silikate sind höchstens noch in Spuren vorhanden, und auch die Humusgehalte sind meist niedrig. Der pH-Wert liegt im sauren bis sehr sauren Bereich. Die Tonfraktion besteht so gut wie ganz aus Kaolinit, Eisen- und Aluminiumoxiden. Horizonte mit besonders hohen Eisenanteilen heißen Plinthite. Böden, bei denen sich diese zu mächtigeren Schichten entwickelt haben, werden einer eigenständigen Bodeneinheit mit dem Namen **Plinthosole** zugordnet.

Plinthite sind in feuchtem Zustand durchgängig fest, bleiben aber schneidbar. Erst bei wiederholter Austrocknung (die z. B. auf Feldern nach Abspülung des Oberbodens auftreten mag) können sie irreversibel in Form von Krusten oder von Einzelaggregaten verhärten. Landläufig werden sie dann als **Ironstone** oder – in der nicht-bodenkundlichen Literatur – als **Laterit** bezeichnet.

Vegetation und ihre Umsätze

Die **zonale Pflanzenformation** der Immerfeuchten Tropen ist der **immergrüne tropische Tieflandsregenwald**. Rodungen, insbesondere während der jüngsten Vergangenheit, haben diesen Wald freilich auf weniger als die Hälfte seiner ursprünglichen Ausdehnung reduziert. Entsprechend der (erdgeschichtlich bereits früh angelegten) über vier Kontinente fragmentierten Verteilung bestehen zwischen den einzelnen Vorkommen beachtliche floristische (und auch faunistische) Unterschiede.

Innerhalb der großen Waldgebiete lassen sich jeweils mehrere **standortbedingte physiognomisch-ökologische Sonderformen** abgrenzen. Sie treten dort auf, wo die Böden extrem nährstoffarm oder ungewöhnlich fruchtbar sind, anhaltende Staunässe oder periodische Überflutung auftritt oder der Wurzelraum aufgrund flacher Bodenentwicklung eingeschränkt ist. Auffällige Unterschiede zeigen sich sowohl in ihrer Artenzusammensetzung / -vielfalt als auch in ihrer Physiognomie, die eine sehr unterschiedliche Üppigkeit offenbart.

Sieht man von diesen Sonderformen ab, so lassen sich tropische Regenwälder zur Mehrzahl durch eine Reihe von **charakteristischen Merkmalen gegenüber anderen Waldformationen** abgrenzen. Dazu gehören die folgenden:

- Großer **Artenreichtum** und hohe **Artendiversität**.
- Spitzenstellung nach **Höhe und Dichte des Pflanzenbestandes** (zum Vergleich mit sommergrünen Wäldern der Feuchten Mittelbreiten siehe Abb. 28).
- **Vielschichtigkeit** des Blätterdaches.
- Oftmals über 70 % der Arten gehören zur **Lebensform der Laubbäume**. So gut wie alle von ihnen sind immergrün. Nach den Bäumen treten mit den **Lianen** und (vaskulären) **Epiphyten** zwei andere Phanerophyten-Typen (vgl. Abb. 4) in einer Fülle auf, die weltweit einzigartig ist.
- Die **Laubblätter** sind meist ungeteilt und gegenüber denen in anderen Ökozonen gewöhnlich größer, weicher und dunkler grün; auffällig häufig enden sie mit lang ausgezogenen Spitzen, sog. Träufelspitzen.
- Bei vielen Baumarten werden die beblätterten Triebe schubartig (mit einem Längenwachstum von 20 – 30 cm pro Tag) gebildet; ein Vorgang, der als **Laubausschüttung** bezeichnet wird.
- Viel häufiger als in den Außertropen findet sich die Erscheinung der **Kauliflorie** (Stammblütigkeit), d.h. die Anlage von Blüten und Früchten (Kaulikarpie) aus Adventivknospen an blattlosen Stämmen.
- Zahlreiche, gebietsweise über 40 % der Regenwaldbäume haben **Brettwurzeln**. Über deren Funktion bestehen unterschiedliche Deutungen.
- Eine **Jahresperiodizität** von Wachstumsvorgängen und Entwicklungsabläufen wie Blattaustrieb, Blühen, Fruchten und Blattabwurf fehlt oder besteht höchstens unauffällig. In den tropischen **Regenwäldern fehlt daher jeglicher oder zumindest augenfälliger Aspektwechsel**.

Jeder Regenwald bildet ein **kleinräumiges Mosaik aus verschieden alten Beständen**, die sich nach Flora, Fauna, Struktur, Vorräten und Umsätzen etc. deutlich voneinander unterscheiden (Abb. 29). Allen gemeinsam ist, dass sie sich in einer Entwicklung befinden, also keiner

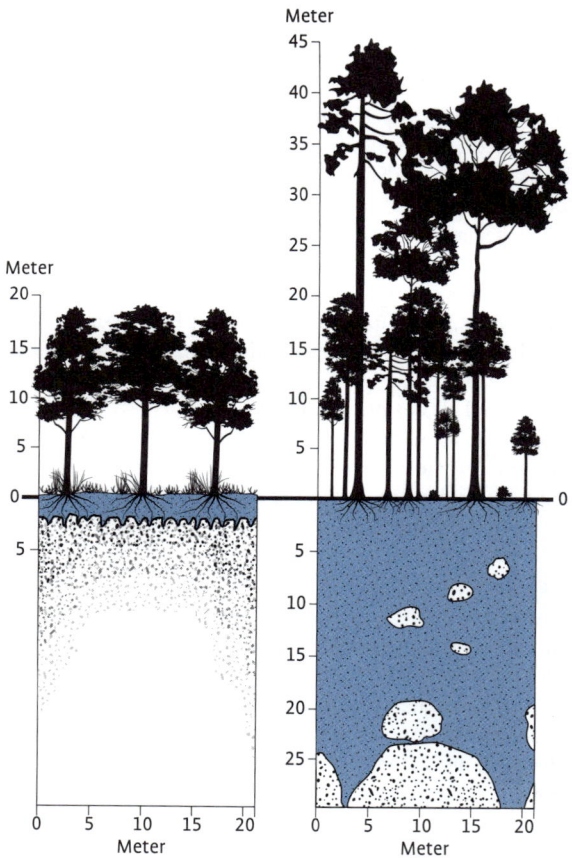

Abb. 28. Schematische Profile eines tropischen Regenwaldes und eines sommergrünen Waldes. Charakteristisch für den Regenwald sind größere Wuchshöhe, dichterer Baumstand (größere Stammzahl und Basalfläche), mehrstöckiger Waldaufbau, wenig auffällige Krautschicht, lückige Streuschicht und häufig (insbesondere im Verhältnis zur Bestandshöhe) geringere Durchwurzelungstiefen in humusarmen, tiefgründigen Böden über mächtigen Gesteinszersatzzonen.

von ihnen auf Dauer einen stationären Zustand (*steady state*) darstellt. Eine neue Entwicklung nimmt beispielsweise ihren Anfang, wenn aus Altersgründen umstürzende Bäume **Lichtungen** in den Wald reißen.

Für tropische Regenwälder ist charakteristisch, dass Tiere kaum zu sehen und oftmals auch kaum zu hören sind. Die Tatsache, dass die Fauna

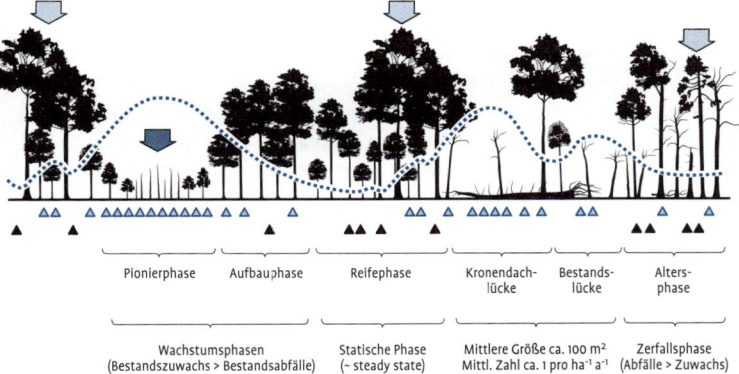

Abb. 29. Schematischer Transekt durch einen Regenwald. Gezeigt werden verschiedene Altersstadien, aus denen sich der Wald mosaikartig zusammensetzt. Die einzelnen Mosaikstücke durchlaufen – falls keine vorzeitigen Störungen auftreten – nacheinander die vier genannten Phasen in der Reihenfolge Pionier- bis Alterungsphase und beginnen danach ihre Regeneration erneut mit der Pionierphase. Dabei ändern sich sowohl die floristische Zusammensetzung (Artenvielfalt) und das PP_N/Abfall-Verhältnis in den Pflanzenbeständen als auch die Verfügbarkeit von Nährstoffen im Boden. Zu beachten ist, dass die Reifephasen weit größere Flächenanteile stellen, als aus dem Transekt erkennbar wird. Sie dürften in (von Menschen) ungestörten Waldgebieten bei über 90 % liegen. Die Vorreifephasen nehmen nur etwa 3 bis 10 % der Flächen ein, die Lichtungen (Gaps) nur etwa 1 %.

Mit den einzelnen Altersstadien verbinden sich unterschiedliche Lichtverhältnisse am Waldboden (gepunktete Linie). Der höhere Lichteinfall in den Gaps begünstigt lichtbedürftige Pflanzenarten (Δ). Schatten-tolerante Arten (σ) herrschen dagegen überall dort vor, wo der Baumbestand ± geschlossen ist. Sonnenpflanzen treten hier höchstens an solchen kleinen Standorten auf, die kurzzeitig von wandernden Lichtflecken begünstigt werden.

Die Reife- und Alterungsphasen werden vorzugsweise von frugivoren (früchteverzehrenden) Konsumenten besiedelt (hellblaue Pfeile). Die Vor-Reifephasen mit ihrer hohen Blattproduktion bieten dagegen Habitate, die von herbivoren Konsumenten bevorzugt werden (dunkelblauer Pfeil).

des Regenwaldes (zusammen mit der von Korallenriffen) die artenreichste der Erde ist, steht dazu in keinem Widerspruch: **Viele Tierarten treten jeweils nur mit wenigen Individuen auf** und je nach Art verteilen sich diese auf eine Vielzahl verschiedener ökologischer Nischen, die sich meist weit oberhalb des Waldbodens im Stamm- oder Kronenraum befinden. Die spärliche Bodenflora (außer in jungen Regenerationsstadien) bietet nur wenigen Herbivoren ausreichende Nahrungsgrundlagen.

Schätzungen und Messungen der **Phytomasse** liegen aus einer großen Zahl von Wäldern vor. Danach ist mit Werten zwischen 300 und 650 t ha^{-1} zu rechnen. Die Primärproduktion wird meist mit 20–30 t ha^{-1} a^{-1} genannt. Höchste Produktivitäten finden sich in den Aufbauphasen.

Trotz der beachtlichen Streuanlieferung fehlt in der Regel eine den Waldboden geschlossen bedeckende **Streuschicht**. Sie ist deshalb so gering, weil die (biologisch-chemische) Zersetzung von organischen Abfällen, begünstigt durch die *ständig feucht-warmen Bedingungen* im Stammraum und am Waldboden, rascher als in jeder anderen Ökozone abläuft. Laubstreu kann schon nach wenigen Monaten zersetzt sein (vgl. Tab. 6). Totes Baumholz wird je nach Dicke innerhalb von wenigen Jahren oder längstens anderthalb Jahrzehnten restlos abgebaut.

Am Abbau sind vor allem Pilze, Termiten und Regenwürmer beteiligt (die bakterielle Zersetzung kann durch saure Bodenreaktion eingeschränkt sein). Erstere leben vielfach in Symbiose mit den Wurzeln von Höheren Pflanzen, die den Namen *Mykorrhiza* trägt. Die **Termiten** besorgen im Wesentlichen die Zersetzung von toter Holzmasse.

Die gängige Auffassung, dass die Mineralstoffumsätze in Regenwaldökosystemen in Form **weitgehend geschlossener Kreisläufe** (Abb. 30) erfolgen, ist nur insofern berechtigt, als die tropischen Regenwälder über besonders effiziente Mechanismen zum Schutz vor Auswaschungsverlusten verfügen. Diese gründen sich auf eine außerordentlich **dichte Durchwurzelung des Oberbodens** (teilweise mit **Wurzelmatten** an der Bodenoberfläche, also in unmittelbarem Kontakt zur Streu) und deren Verbindung mit einem noch dichteren Mykorrhiza-Mycel. Hierdurch werden nicht nur die über Niederschläge und Kronenauswaschung mit dem Tropfwasser und Stammablauf zugeführten Nährelemente weitestgehend aufgefangen, sondern auch die in den organischen Abfällen eingebundenen Nährstoffe aufgeschlossen und dann den Baumwurzeln auf kurzen Wegen zugeleitet.

Landnutzung

Die Immerfeuchten Tropen gehören zusammen mit der Borealen Zone zu jenen Erdregionen, in denen noch weithin natürliche Wälder erhalten sind und die agrare Nutzung erst die Randsäume erfasst hat oder nur inselartig ins Innere vorgestoßen ist. Allerdings werden die Rodungsflächen in den meisten Waldgebieten schnell größer.

Einer der Gründe für die geringe Erschließung und dünne Besiedlung dürfte darin liegen, dass weithin relativ unfruchtbare Böden vorherrschen: Mit traditionellen Mitteln der Bodennutzung lässt sich nur (sofern nicht – wie in Südostasien – Bewässerungsreisbau besteht) ein extrem flächenextensiver, mühevoller **Brandrodungs-Wanderfeldbau**

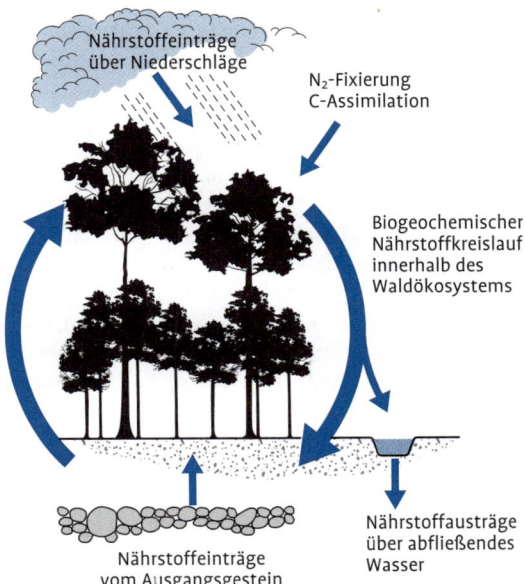

Abb. 30. Regenwaldökosysteme sind – wie alle anderen Ökosysteme – offene Systeme, und zwar auch in Bezug auf mineralische Pflanzennährstoffe. Die in der Literatur häufig zu fin-dende gegenteilige Angabe trifft (wenn überhaupt) nur in der Tendenz insoweit zu, als ver-gleichsweise hohe Anteile der mineralischen Nährstoffe innerhalb des Systems (biogeoche-misch) zirkulieren, von unbelebten Kompartimenten (geo-) zu lebenden Organismen (bio-) und zurück. Daneben bestehen aber auch hier Stoffflüsse von und nach außen in Form von Einträgen über Niederschläge und aus dem anstehenden Gestein bzw. von Abgaben über versickerndes und abfließendes Wasser. Hinzu kommen gasförmige Flüsse wie Einträge von Stickstoff über die biologische N_2-Fixierung und von Kohlendioxid über die Photosynthese sowie Verflüchtigungen von z. B. N und P infolge von biochemischen Zersetzungsvorgängen und Bränden. Mengenmäßig treten diese externen Stoffflüsse (dünne Pfeile) weit hinter die systeminternen (dicke Pfeile) zurück, bleiben aber trotzdem für den Nährstoffhaushalt der Wälder bedeutsam.

(*shifting cultivation i. e. S.*) betreiben. Hierbei muss der Anbau beispiels-weise von Knollenpflanzen wie Cassava (Maniok, Yucca), Taro und Yam(s) bereits nach wenigen Jahren immer wieder in neue Rodungsin-seln verlegt werden, auf denen zuvor das Rodungsmaterial (vor allem abgeschlagene Äste mit dem daran befindlichen Laub, seltener ganze Bäume) verbrannt wurde, um auf diese Weise eine (Asche-)Düngung zu erzielen. Da deren Effekt aber jeweils nur für wenige Jahre vorhält, ist eine erneute **Verlegung der Felder bereits nach kurzer Nutzungs-dauer** unumgänglich. Eine Rückkehr zu vormals genutzten Flächen hat frühestens nach Ablauf von 15–30 Jahren Erfolgsaussichten. Eine längere Nutzungsdauer lässt sich durch Anhebung des pH-Wertes (z. B. durch Kalkung) erreichen, da damit die Kationenaustauschkapazität ansteigt und toxisches Aluminium immobilisiert wird.

Modern organisierte **Dauerkulturwirtschaften** werden vielfach in Form von Plantagen betrieben. Zu den Baum-, Strauch- und Lianenarten, die in dieser Form genutzt werden, gehören Kautschuk, Öl- und Kokospalmen, Kakao, Gewürzpflanzen wie Pfeffer, Zimt, Vanille, Muskat, Nelken und Piment sowie Kaffee und Tee. Ananas und Zuckerrohr bilden Beispiele für dauerhafte Feldkulturen.

In den letzten Jahrzehnten ist in vielen ehemaligen Waldgebieten, insbesondere von Südamerika, eine großbetriebliche, *extensiv betriebene* **Weidewirtschaft** *mit Rindern* zu einem flächenmäßig wichtigen (weithin sogar wichtigsten) Nutzungszweig geworden.

Literatur

Golley, F. B. (ed.): Tropical rain forest ecosystems. *Ecosystems of the World* 14A. Elsevier, Amsterdam 1983

Lieth, H. und **Werger, M. J. A.** (eds.): Tropical rain forest ecosystems. *Ecosystems of the World* 14B. Elsevier, Amsterdam 1989

Montagnini, F. und **Jordan, C. F.:** Tropical forest ecology. Springer, Berlin 2005

Scholz, U.: Die feuchten Tropen. Westermann, Braunschweig 2003

Anhang:

Globale Übersichten

A Ökozonale Gliederung der Erde

B Bodenzonen der Erde

C Agrarregionen der Erde

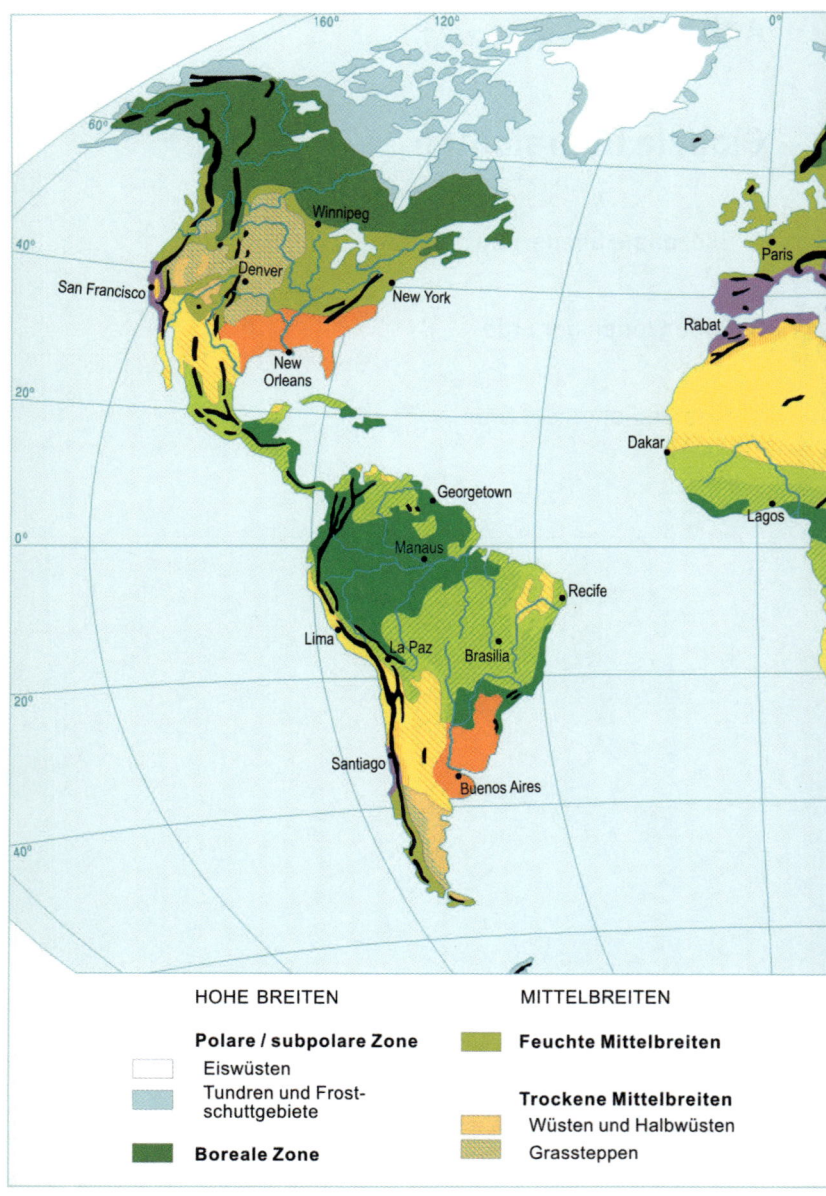

HOHE BREITEN

Polare / subpolare Zone

Eiswüsten

Tundren und Frost-
schuttgebiete

Boreale Zone

MITTELBREITEN

Feuchte Mittelbreiten

Trockene Mittelbreiten

Wüsten und Halbwüsten

Grassteppen

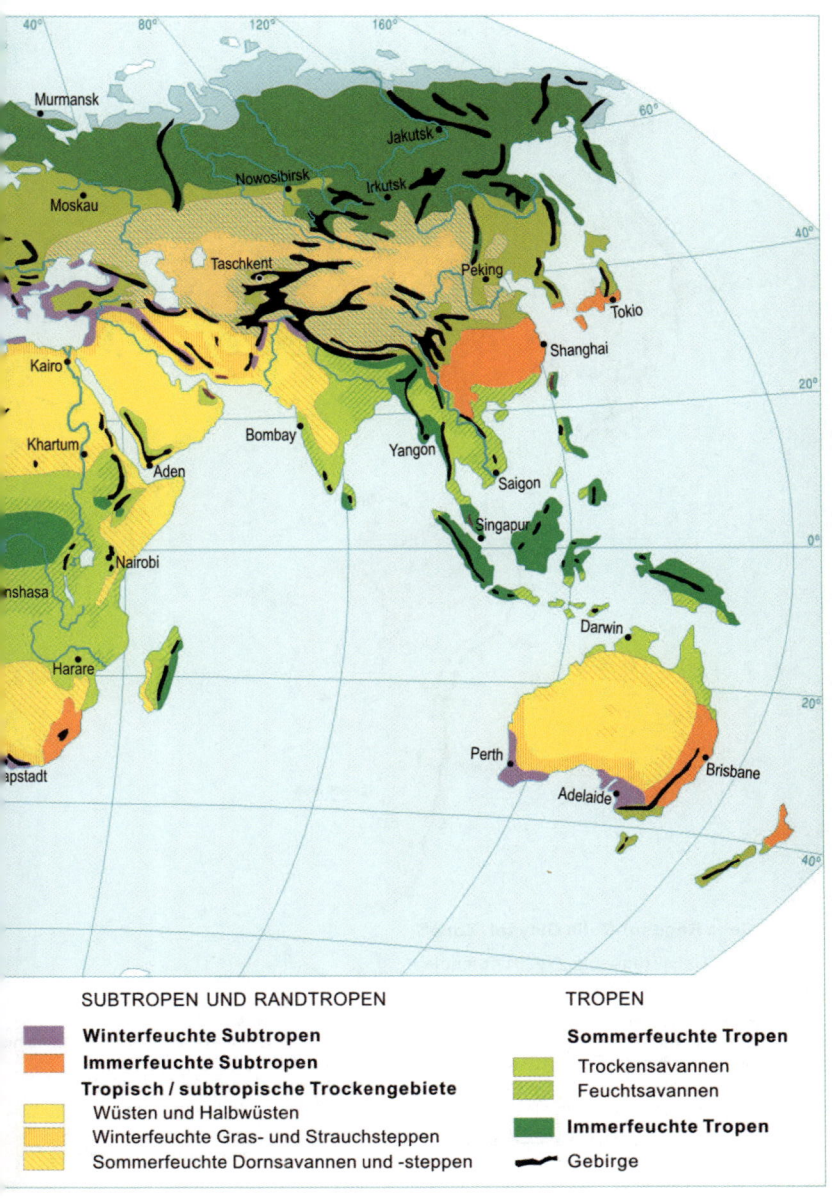

SUBTROPEN UND RANDTROPEN

Winterfeuchte Subtropen

Immerfeuchte Subtropen

Tropisch / subtropische Trockengebiete

Wüsten und Halbwüsten

Winterfeuchte Gras- und Strauchsteppen

Sommerfeuchte Dornsavannen und -steppen

TROPEN

Sommerfeuchte Tropen

Trockensavannen

Feuchtsavannen

Immerfeuchte Tropen

Gebirge

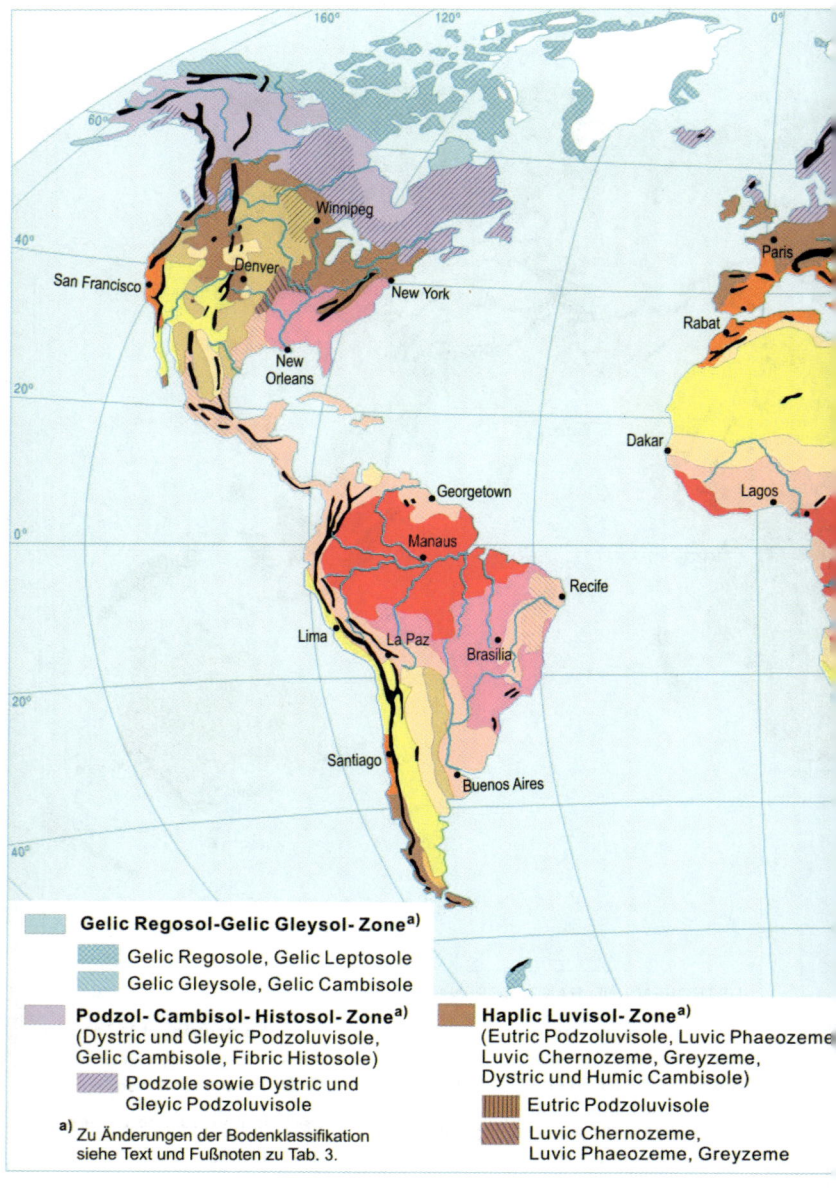

Gelic Regosol-Gelic Gleysol- Zone[a]

Gelic Regosole, Gelic Leptosole
Gelic Gleysole, Gelic Cambisole

Podzol- Cambisol- Histosol- Zone[a]
(Dystric und Gleyic Podzoluvisole,
Gelic Cambisole, Fibric Histosole)

Podzole sowie Dystric und
Gleyic Podzoluvisole

[a] Zu Änderungen der Bodenklassifikation
siehe Text und Fußnoten zu Tab. 3.

Haplic Luvisol- Zone[a]
(Eutric Podzoluvisole, Luvic Phaeozeme
Luvic Chernozeme, Greyzeme,
Dystric und Humic Cambisole)

Eutric Podzoluvisole

Luvic Chernozeme,
Luvic Phaeozeme, Greyzeme

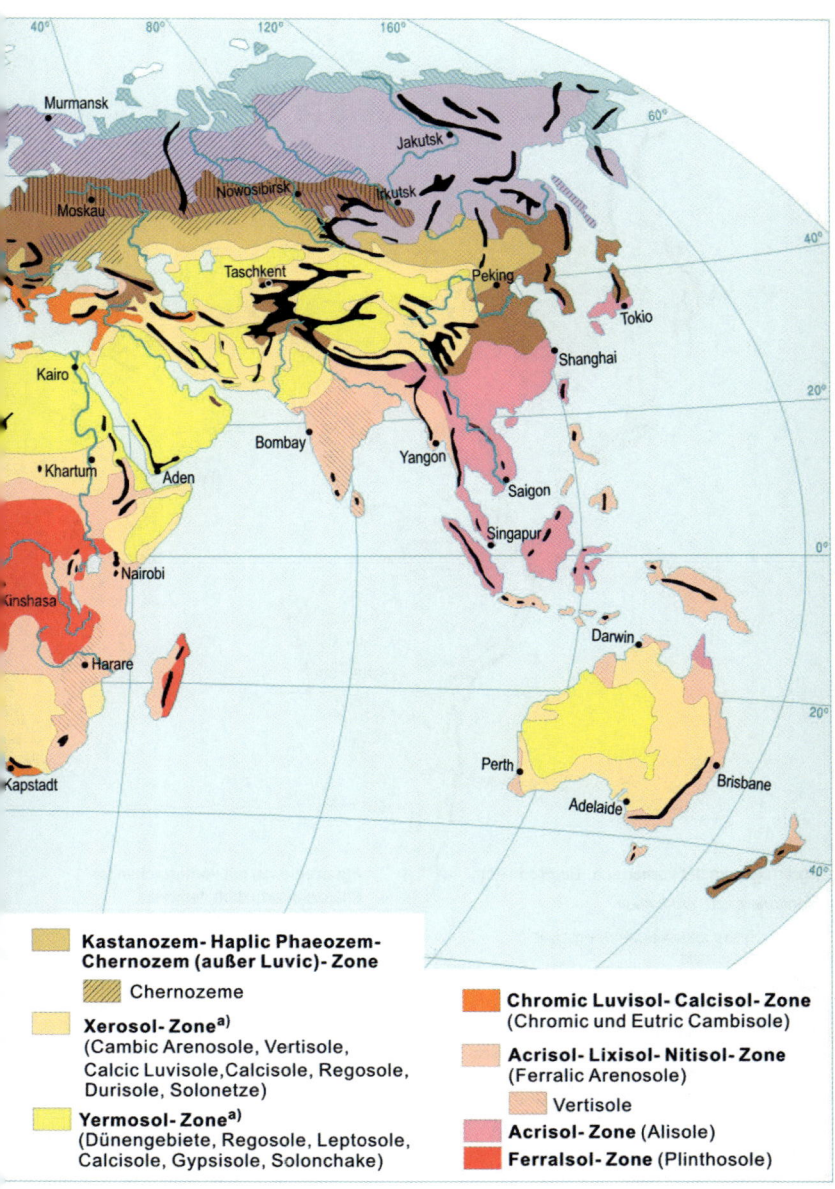

**Kastanozem- Haplic Phaeozem-
Chernozem (außer Luvic)- Zone**

Chernozeme

Xerosol- Zone[a]
(Cambic Arenosole, Vertisole,
Calcic Luvisole,Calcisole, Regosole,
Durisole, Solonetze)

Yermosol- Zone[a]
(Dünengebiete, Regosole, Leptosole,
Calcisole, Gypsisole, Solonchake)

Chromic Luvisol- Calcisol- Zone
(Chromic und Eutric Cambisole)

Acrisol- Lixisol- Nitisol- Zone
(Ferralic Arenosole)

Vertisole

Acrisol- Zone (Alisole)

Ferralsol- Zone (Plinthosole)

Agrarregionen mit vorherrsch. Tierproduktion

Marktorientierte Produktion

- Extensive stationäre Weidewirtschaft: Rinder, Schafe
- Intensive Grünlandwirtschaft (Milch- und Mastbetriebe): Rinder

Subsistenz- und marktorientierte Produktion

- Extensive Wanderweidewirtschaft der Trocken- räume (Nomadismus, Halbnomadismus, Trans- humanz): Kamele, Rinder, Schafe, Ziegen, Esel; örtlich/regional Oasenlandwirtschaft: zahlreiche Feld- und Baumfrüchte
- Extensive Wanderweidewirtschaft der kalten Klimate: Rentiere

Agrarregionen mit vorherrschender Pflanzenproduktion, teilweise in Kombination mit Tierhaltung

Marktorientierte Produktion

- Acker- und Dauerkulturwirtschaft der Winterregengebiete: Weizen, Mais, Gemüse, Wein, Obst (u.a. Agrumen, Pfirsiche Aprikosen), Ölbäume, Mandelbäume; z. T. bewässert
- Großbetriebliche Getreidewirtschaft: Weizen, Sorghum, Mais
- Spezialisierte Farmwirtschaft: Soja, Erdnüsse, Baumwolle, Tabak, Zuckerrohr
- Intensive gemischte Landwirtschaft der gemäßigten Breiten (kleine und mittelgroße Betriebe); Weizen, Mais, Roggen, Gerste, Kartoffeln, Kohl, Zuckerrüben, Raps, Futterbau

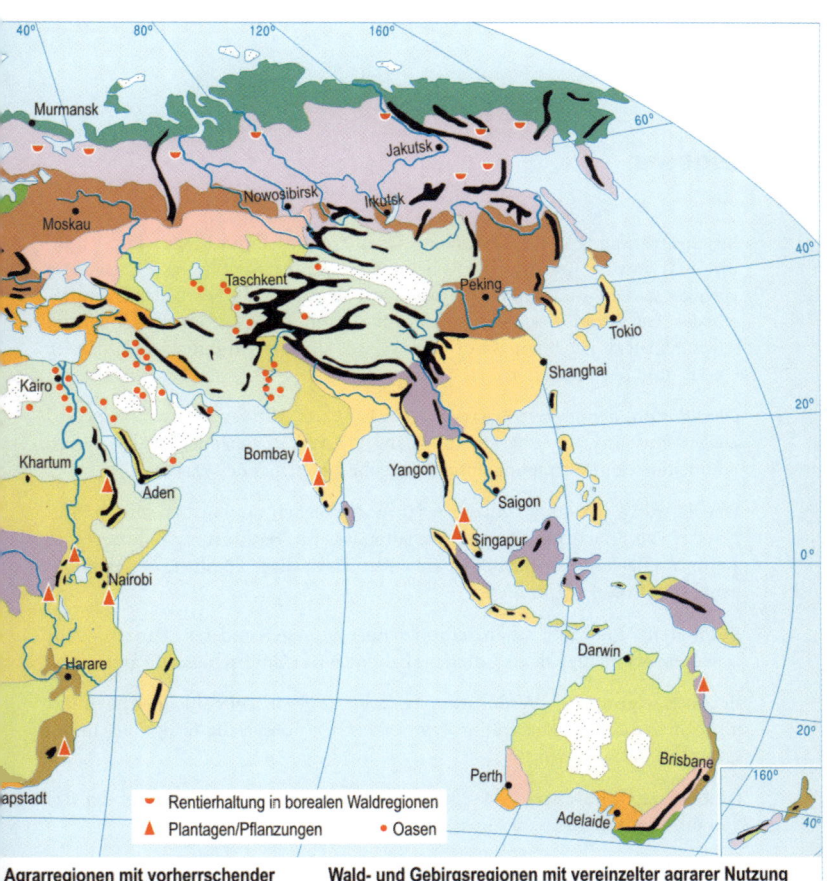

Rentierhaltung in borealen Waldregionen

Plantagen/Pflanzungen   Oasen

Agrarregionen mit vorherrschender Pflanzenproduktion, teilweise in Kombination mit Tierhaltung

Subsistenz- und marktorientierte Produktion

Traditionelle Agrarwirtschaft der wechselfeuchten Tropen (Landwechsel-wirtschaft, Permanenter Regenfeldbau; häufig mit Rinder-, Schaf- und Ziegen-haltung): Mais, mehrere Hirsearten, Sorghum, Süßkartoffeln, Erdnüsse, Bohnen, Bananen, Tabak, Baumwolle, Tierhaltung zur Selbstversorgung

Bewässerungswirtschaft mit Nassreis

Wald- und Gebirgsregionen mit vereinzelter agrarer Nutzung

Tropische Feucht- und Regenwaldregionen mit Sammelwirtschaft und Wanderfeldbau: Maniok, Yams, Taro, Bergreis, Hirse, Mais; örtlich/regional marktorientierte Dauerkulturwirtschaft (Plantagen/Pflanzungen): Kautschuk, Öl- und Kokuspalmen, Kakao, Bananen

Waldregionen der mittleren und hohen Breiten mit kleinbetrieb-lichem Sommergetreide-, Hackfrucht- und Futterbau, häufig als Feldgraswirtschaft: Gerste, Roggen, Hafer, Kartoffeln, Klee, Luzerne, Rinder; winterliche Rentierweide; Jagd und Fischerei

Gebirgsregionen, mit höhenstufen-abhängiger Nutzung

Regionen ohne land- oder forstwirtschaftliche Nutzung

Anökumene: Eiswüsten, polare Wüsten (in Nordamerika: auch Tundren), Sand- und Steinwüsten der mittleren und niederen Breiten

Serviceteil

Glossar

Basensättigung (BS)   Prozentualer Anteil von Calcium-, Magnesium-, Kalium- und Natrium-Ionen an der Kationenaustauschkapazität (KAK). Er ist umso geringer und die **Bodenreaktion (Maßzahl pH)** umso saurer (niedriger), je höher der Anteil von Wasserstoff- und Aluminium-Ionen ist. Ein Boden gilt im Allgemeinen als fruchtbar, wenn – bei hoher KAK – die Sättigung der Nährionen Ca-, K- und Mg-Ionen hoch ist.

Denudation, denudative Prozesse   Flächenhafte Abtragung (im Unterschied zur Erosion, einer linienhaften Abtragung, z. B. von Flüssen oder Talgletschern); Spüldenudation: Abtragung durch flächenhaft abfließendes Wasser.

Dry Farming   Während einzelner Jahre werden Schwarzbrachen (durch Pflügen frei von Pflanzenwuchs) eingeschaltet, was die Verdunstung reduziert und somit Wasserreserven im Boden entstehen lässt; diese kommen den nachfolgenden Kulturen zugute.

Epiphyten   Pflanzen, die an Stämmen oder auf Ästen anderer Pflanzen wachsen, diese aber lediglich als Unterlage benutzen (im Unterschied zu Parasiten).

Evapotranspiration   Verdunstung (Evaporation) einschließlich der physiologisch steuerbaren Transpiration (von Pflanzen); **potentielle E.** dto. bei unbegrenzt verfügbarem Wasser.

Feldkapazität, nutzbare   Maximale Haftwassermenge eines Bodens, der davon für Pflanzen nutzbare Anteil.

Hydration   (auch Hydratation genannt): Verwitterungsform, bei der die Anlagerung von H_2O-Dipolen an überschüssige Ladungen von Grenzflächenkationen ins Gesteinsinnere fortschreitet. Die damit verbundene Quellung (= Bildung von Hydrathüllen um die Grenzflächenionen) führt zu einer Sprengwirkung, die das Gesteinsgefüge lockert.

Hydrolyse   Chemische Verwitterungsform, bei der die durch Dissoziation von Wasser entstandenen H^+-Ionen mit den Kationen von Gesteinsmineralen in Austausch treten, was zur Auflockerung und schließlich Zersetzung der Kristallgitter führt.

Kationenaustauschkapazität (KAK)   Fähigkeit eines Bodens, Kationen (im Wesentlichen Ca-, Mg-, K-, Na-, H- und Al-Ionen) in austauschbarer Form zu adsorbieren. Maßeinheit: cmol(+) kg^{-1} Boden oder Tonfraktion.

Latenter Wärmefluss   In der Meteorologie der Transfer von Wärmeenergie, der den Wechsel des Aggregatzustandes von Wasser begleitet: Verdunstung und Eis-/Schneeschmelze verbinden sich mit Wärmeentzug aus der Umgebung, Kondensation und Gefrieren mit Wärmezufuhr. Der Transfer über Wärmeleitung wird demgegenüber als **sensibler (oder fühlbarer) Wärmefluss** bezeichnet.

Mykorrhiza   Symbiose zwischen den Wurzeln Höherer Pflanzen und Pilzen (Pilzgeflechten); sie nützt den Pflanzen bei der Aufnahme von Wasser und Mineralstoffen.

Netto-Ausstrahlung   (effektive Ausstrahlung) Bilanz aus langwelliger Ausstrahlung (Wärmeabstrahlung) und langwelliger Gegenstrahlung (Wärmerückstrahlung).

Nettoprimärproduktion (PP_N)   s. Primärproduktion

Ökoton (Zono-Ökoton)   In diesem Buch: Übergangsbereich zwischen zwei Ökozonen, der sich einer eindeutigen Zuordnung verschließt.

PHAR (PAR)   s. Sonneneinstrahlung

Phytomasse   Lebende Pflanzenmasse einschließlich der mit ihr verbundenen toten Teile wie Holz, Borke etc. Maßeinheit in diesem Buch: t ha^{-1} TS; TS = Trockensubstanz (s. dort).

Primärproduktion   (PP_N, **Nettoprimärproduktion**) In diesem Buch: Die im langjährigen Mittel pro Hektar produzierte pflanzliche Stoffmenge (der tatsächliche Zugewinn); messbar über Bestandszuwachs zuzüglich der Verluste durch Abfälle, Tierfraß und Feuer. Maßeinheit: t ha^{-1} a^{-1} TS; TS = Trockensubstanz (s. dort)

Regolith   Lockermaterialdecke über dem anstehenden Gestein

Sonneneinstrahlung (Globalstrahlung)   Gesamte (direkte und diffuse) kurzwellige Sonneneinstrahlung, die auf die Erdoberfläche trifft; in diesem Buch meist in 10^8 kJ ha^{-1} pro Vegetationsperiode angegeben. Das davon photosynthetisch nutzbare Spektrum wird mit der Abkürzung PHAR (oder PAR) bezeichnet (von photosynthetic active radiation).

Spaltöffnungen (Stomata)   Mikroskopisch kleine Poren auf den Blattflächen, über die der Gaswechsel (für Atmung und Photosynthese) sowie der größte Teil der Transpiration erfolgen. Schließzellen können die Öffnungsweiten physiologisch regulieren und dadurch beispielsweise die Wasserabgabe bei Dürrestress reduzieren.

Spüldenudation   s. Denudation

Temperatur (t)   alle im Buch genannten Zahlenwerte für Lufttemperaturen beziehen sich auf das Tiefland.

Trockensubstanz   (TS, Trockengewicht, -masse) Biomasse oder tote organische Substanz abzüglich des darin enthaltenen Wassers; bildet (im Unterschied zum *Frischgewicht*) so gut wie immer die Bezugseinheit bei Mengenangaben zur Primärproduktion, Phytomasse, Humus, Streu etc. Das ist auch in diesem Buch der Fall, und zwar auch dort, wo nicht ausdrücklich darauf hingewiesen wird.

Sachregister

Seitenzahlen mit *: Stichwörter stehen (auch) in Abbildungen oder Tabellen